JN239867

自伐型林業

小さな林業の今とこれから

橋本光治さん一家が経営する徳島県那賀町の山林。弱度の間伐を繰り返すことで、生態系豊かな森に育った（第１章、第２章）

若手林業者の大谷訓大さんが鳥取県智頭町に敷設した作業道。幅 2.5 メートル以下の道が山林をめぐる（第４章）

奈良県の吉野林業地にある清光林業の山林。
人工林における「長伐期多間伐」の伝統的な
森づくりが継承されている（第１章、第２章）

東北・広域森林マネジメント機構が主催した自伐型林業の研修会。伐採だけではなく、小型の林内作業車を使った搬出作業も学ぶ(第３章、第４章)

ドイツのシュバルツバルト（黒い森）の風景。日本で伝えられている「高性能林業機械を使った生産性の高い林業」は、実態とは違っていた（第５章）

「流行を追うな。林業の本質を見極めなさい。
いちばんに損することを考えなさい」
――大橋慶三郎

はじめに

２０２５年は戦後80年の節目の年です。１９４５年に第二次世界大戦が終結し、戦後の混乱期が収まると、１９６０年に政府は「所得倍増計画」を打ち出しました。地方に住む若者は「金の卵」として都市に送り込まれ、国家をあげて高度経済成長を推進する時代に入りました。それはまた、戦後の復興期に植林された山に囲まれた農山村から、次の世代の担い手が離れていった時代でした。

林業の世界は、そういった日本社会の大きな変化の荒波に巻き込まれていきました。国産の木材価格は価格の安い外国産に押され、１９７０年をピークに低迷します。燃料源だった薪や炭は都市ガスやプロパンガスに代わり、やがて日本の林業は「衰退産業」の代名詞になりました。

ここまでの話は「どこかで聞いた話だな」と感じた人もいるでしょう。実際、こういった歴史は一般的に受け入れられているもので、教科書にも載っているようなことです。

しかし、戦後の林業は本当に「衰退産業」だったのでしょうか。別の可能性は存在しなかったのでしょうか。本書の出発点は、その前提を疑うことです。

さて、ここで話題を本書の表紙に移したいと思います。「なぜ林業の本の表紙にお花なの?」と疑問に感じた方もいるのではないでしょうか。この花の名前は「オンツツジ」。1978年に銀行員の安定した生活を捨てて夫婦で林業の世界に飛び込み、「自伐型林業」で生計を立ててきた橋本光治さんと延子さん夫婦が経営する山に、毎年5月に美しい花を咲かせます。

実は、橋本さん夫妻が林業を始めるまでは、山にあった木は何度も伐採されそうになりました。戦時中は強制伐採からなんとか逃れ、戦後は伐採業者が良木から次々と伐っていくのを目の当たりにしました。

戦後の林業は、業者に委託することが推奨され、自分自身で木を伐って山を整備する小規模な自伐林家は次々と姿を消していきました。しかし、橋本さんは業者への委託をやめ、家族経営による小さな林業を続け、森が持っている生命力を活かす作業道の技術を磨きました。それから半世紀。今では橋本さんの山林は、人工林であるにもかかわらず生態系が豊かで、かつ市場価値の高い木がたくさん育っている森として高く評価されるようになりました。

橋本さんと同様に、日本には山林を伐り尽くさず、守り続ける林業地は他にもあります。本書の第1章で紹介する吉野林業地もその一つで、江戸時代から樹齢200年を超えるスギ林を育ててきました。伝統的な森づくりの知恵を継承しつつ、持続可能な林業を実践してきました。

この２つの林業地に共通する森づくりの手法、それが本書で紹介する「自伐型林業」です。

ここからが自伐型林業の面白い話の始まりです。いま、人里離れた山の中に、林業を生業にして再び人々が戻っているのです。誰かに指示されたわけでも、国から誘導されたわけでもありません。自分自身の意志で、山に関わろうとしている人たちが増えています。そして、環境性と経済性を両立させた林業を志す若者は、橋本さんや吉野林業地のような山を育てることを目標にして、日々切磋琢磨しています。

そういった人たちを応援するために、２０１４年、ＮＰＯ法人「自伐型林業推進協会」が設立されました。山の持ち主だけでなく、地域に住む人たちが自ら管理し続ける林業を全国に広げるためでした。今では「私たちの地域でも導入したい」という自治体が次々と現れるようになりました。

本書の企画がスタートしたのも、「自伐型林業を1冊で理解できる入門書がほしい」との声が届いたのがきっかけでした。自伐型林業に関心を寄せる人は、林業関係者に限らず、都市に住むサラリーマン、大学生、農家や漁師、行政職員、社会課題に取り組むＮＰＯ職員など、多方面にわたっています。そこで、自伐型林業推進協会の10周年記念事業として、林業と社会の関わりについて基本的なところから紹介し、より広い視点から日本の農山村の未来を展望できるような本を制作することになりました。

本書は6つの章で構成されています。第1章では、「なぜ、日本に自伐型林業が必要とされているのか」という問いを立て、自伐型林業が生まれた背景とその経緯を掘り下げます。農山村から仕事が失われ、景色が様変わりしていく社会状況の中、東日本大震災を契機に全国に自伐型林業が広がっていった歩みを綴っています。

第2章では、自伐型林業の提唱者であり、自伐型林業推進協会の代表理事を務める中嶋健造の講演録「小さな林業の大きな可能性」を収録しました。現在、日本の主流となっている大規模・皆伐型の林業が抱える課題を浮き彫りにし、自伐型林業の特徴である「長伐期多間伐」や「壊れない道」の解説をします。

第3章では、自治体の政策として自伐型林業を導入した市町村の取り組みを紹介します。地域の実情に合わせたアレンジや挑戦をまとめています。

そして、第4章では、自伐型林業に取り組むプレイヤーたちの声に焦点を当てました。新規参入した若手林業者による座談会を通じて、林業の実践を通じて気づいたことや課題などを率直に語ってもらいました。

第5章では、視点を世界に移します。「自伐」は日本独自の考え方ではありません。2023年から調査を開始したオーストリアやドイツの林業現場を「ヨーロッパ林業の光と影」として描きます。「生産性の高い林業の先進事例」として紹介されてきた両国は、日本で林業の大規模化を推し進める際の論拠になっています。しかし、実際に現場に足を運んで調査を進めると、まったく異なる実態がありました。ヨーロッパの家族経営・小規模林業の実情を、自伐型林業の視点でまとめています。

最終章となる第6章では、愛媛大名誉教授の泉英二さんに、戦後林政の歴史と自伐型林業の意義について寄稿してもらいました。林業のみならず「持続可能性」が人類の大きなテーマとなっている現代の世界で、歴史から未来を見渡す視座を提供してもらいました。専門的な文章ですが、林業と社会の関係をより深く理解したい方にぜひ読んでいただきたいと思います。

そのほか、これら6つの章に加え、多様な話題を扱ったコラムも随所に挟み込んでいます。

最後に、本書は成功事例の寄せ集めではありません。そもそも自伐型林業に完成形はなく、それぞれの地域の最適解を見つけるものです。私たちも、失敗と成功を繰り返しながら、試行錯誤を続けてきました。それは終わりのない旅のようなものですが、自然を相手にしている以上、目的地はあってもゴールは存在しないのでしょう。本書は、その旅にみなさんを誘うガイドブックのようなものです。新しい挑戦を通じて自伐型林業が日本中の農山村に根づき、オンツツジのような美しい花が咲くことを願っています。

それでは、自伐型林業の旅を始めましょう。

目次

自伐型林業の作業道で路肩を補強するために造られた木組み。P2 の写真は
その木組みを補強するために木槌で打っている様子（鳥取県智頭町）

第1章

なぜ、日本に自伐型林業が必要とされているのか

転換期を迎えている日本の林業

今、日本の林業は岐路に立っています。そして、かつて林業が盛んだった中山間部の暮らしは存続の危機に直面しています。

日本は国土の3分の2が森林に覆われています。山村振興法に基づいて指定された「振興山村」を持つ市町村は、全国市町村のうち約4割（734市町村）を占めています。国土面積の約5割、林野面積の約6割を占めていますが、そこに暮らす人々は、日本の全人口のたった2・5％にすぎません。日本は森林資源の豊かな国であることを誇りながら、実際にはほとんどの人が山や森から離れた暮らしをしています。

日本は、北海道と沖縄を除くほとんどの地域が温帯に属し、四季がはっきりしています。海に囲まれているため雨が多く、多種多様な植物が育ちやすい環境に恵まれているので、質の良い木材が多く生産できる可能性を持っています。これほど、林業の自然条件に恵まれている国は、世界でもそれほど多くありません。

だからこそ、林業は昔から山の暮らしの大事な柱でした。薪や炭などが生活をするうえでの燃料として重宝され、あるいは、木材を地域の外に販売し、現金収入を得るための手段にもしていました。

しかし、薪や炭に代わって化石燃料が普及し、画一的な針葉樹林が増えて森林への関心も薄れると、森林資源を利用する機会が減って、都市化が進む中で山村から人々が離れていきました。

その結果、特に大きな影響を受けたのが、森林の仕事に携わる林業従事者です。１９５５年に約52万人だった林業者は、現在４万４０００人（２０２０年現在）と、10分の１以下に減りました。日本の林業は長年にわたって「儲からない」業種とされ、衰退産業の代名詞になってしまったのです。中山間地域での仕事が減り、暮らしはますます厳しくなり、消滅してしまう集落が少なくありません。今では人口のわずか２・５％しか山村住民がいない状況で、誰がこれからの日本の森林を守っていくのでしょうか。

このような時代に生まれた新しい潮流が「自伐型林業」です。衰退産業と呼ばれる林業界において、誕生から約10年間で数千人規模が自伐型林業の研修に参加し、林業に挑戦し、実践する人たちが増えてきています。

自伐型林業は、２０００年代からその気運が徐々に高まり、森林資源を活かした新しい地方の生業（なりわい）として注目されるようになりました。それは、大規模な林業とは異なり、小規模かつ分散型で森林を管理する方法です。地域住民が主体となって森を維持し、活用するこのモデルにより、林業への参入がしやすくなりました。これまで林業に関わりのなかった人々も森や山に興味を持ち、挑戦できるようになっています。

自伐型林業が最初に気運の高まりを見せた時、いったい何が起きていたのでしょうか。それは、高知県のある森林ボランティアグループの活動がきっかけでした。

「自伐林家」の価値を再発見した土佐の森・救援隊

ＮＰＯ法人「土佐の森・救援隊」（以下、土佐の森）。もともと高知県庁の職員らが立ち上げた団体で、創設者自身が山を所有し、自らの手で整備・管理・原木の出荷まで、すべての作業を実施していました。いわゆる「自伐林家」が始めた森林ボランティア団体でした。

サラリーマンをしながら土日に林業に励むメンバーも多数いて、本格的に林業に参入する人もいました。のちに自伐型林業推進協会の代表理事となる中嶋健造もメンバーの一人で、２００３年から活動に参加していました。中嶋は、当時の印象をこう振り返ります。

「土佐の森は間伐などのボランティア活動をしていましたが、活動すれば地元の店で現金の代わりに使える地域通貨券をもらえるので、経済活動がセットになっている感覚でした。印象深かったのは、土曜日の活動後の宴会です。汗を流したあとの宴会の席には、普段は口にしないような純米吟醸の酒瓶が並び、皿鉢（さわち）料理（大皿に刺し身などを盛り合わせた高知の宴会料理）がセットされていたのです。会費も大した金額ではないから、どこからそんな資金が出るのかと思って聞くと、『その日に出荷した木材の売り上げだ』と言うのです。これはおもろいなあ。何かあるな。そんな感覚で活動に参加していました」

土佐の森の会員と語り合う中で、気になる話題がありました。それは、メンバーから発せられた現状の林業への嘆きでした。

「今の林業は間伐といいながら、良い木を伐採する『主伐』ばかりしている。どうにかして止めんと、全国でボロボロの山ができてしまうぞ。手探りでもなんでもいい。対抗策を作らんといかん」

この「対抗策」こそが、のちに全国で広がる自伐型林業でした。

一般的な林業の３つの考えと自伐型林業の比較

土佐の森が活動していた当時から、林業界で一般化していたのは主に次の３つの考え方でした。

①林業は50年のサイクルで主伐（皆伐など）と植林を繰り返す
②高性能林業機械を活用して大量伐採と大量生産をする

③森林所有者は「意欲」がないため、森林整備は業者に任せる

①は、1950年代以降に植えられたスギやヒノキなどの人工林が、樹齢50年を超えて「伐り時を迎えている」という考えです。

伐採を進めて植林し、さらに50年経ってまた伐採するという50年周期の林業です。その「伐り時」を逃さず、伐採を加速させる手段が、②の高性能林業機械の導入による大量伐採・生産システムです。機械を保有するのは森林組合や林業事業体で、③の小さな森林所有者は林業をする「意欲がない」とされ、それに代わって林業事業体が森林の整備、管理を担っていくという大規模集約化への筋道でした。

そして、2009年に政府が発表した「森林・林業再生プラン」によって、大規模林業化の動きは一気に加速しました。

このプランは、当時18％だった木材自給率を「10年後に50％以上に引き上げる」という野心的な目標（現在は2025年までに延期）を掲げ、大量の国産材を加工する製材所を設置し、そこに木材を供給する仕組みを整えながら、雇用の拡大を目指すものでした。

また、東日本大震災後の原発事故をきっかけに再生可能エネルギーへの転換が求められると、木質バイオマス発電所が次々と建設されるようになりました。その結果、国産木材の需要がさ

らに高まっていきました。

需要に応えるように、国は補助金を投入し、森林組合や林業事業体に対して数千万円から億単位の大型の高性能林業機械の導入を促しました。一方で、「意欲がない」とされた小規模の森林所有者は、面積などの基準によって支援を切り捨てられました。まさに「選択と集中」の時代です。

もともと同プランは、林業先進国として知られるドイツやオーストリアの林業を参考にして計画が策定されたと言われています。

日本の森林面積は約２５００万ヘクタール（うち人工林が１０２０万ヘクタール）であるのに対し、ドイツは１１４１万ヘクタール。にもかかわらず、ドイツの木材生産量は８２４１万立方メートルで、日本の約２・５倍にのぼります。ドイツの林業関連の従事者数は１２０万人。急峻な地形の多い日本に比べて、平地が広がるドイツとは地形や気候が違うので単純な比較はできませんが、これほどの差があるのは「日本の林業が機械化できていないからだ」との前提で、高性能林業機械の導入が進められました。実際はドイツには自営型の自伐林家も多く、小さな林業家を支援する仕組みもあるのですが、日本に持ち込まれたのは大型機械を用いた大量生産システムでした（欧州林業の調査報告は第5章で紹介します）。

これに対し、土佐の森の林業といえば、チェーンソーを使って伐り倒し、林内作業車と呼ばれる小さな機械で丸太を山から搬出し、貯め置いた木材を2トンのトラックで市場まで運ぶというものでした。燃料代など経費も大してかからず、手元に収入が残る手法です。

大規模集約型から小規模分散型へ。大型機械を使う大きな林業事業体に頼るのではなく、小さな自伐林家たちが大勢で山を守る。このイメージを抱いていた中嶋は、自身が携わっていた地域のプロジェクト（高知県仁淀川流域エネルギー自給システムの構築）で実証実験を行いました。

住民アンケートをとると、回答を寄せた森林所有者の6割から「収入になるなら林業を実施したい」との声が集まり、森林を持たない人でも「林業をできる状況が生まれるならやりたい」、「ボランティアでもやりたい」と回答し、「そのために林業研修を行ってほしい」、「作業道の敷設をなんとかしてほしい」などの要望を受けました。そのリクエストをもとに作り上げた研修プログラムが功を奏し、数十人の小規模林業者たちを生み出すことができました。

5年間のプロジェクト実施を経て、森林所有者が山に入り、その山から伐採した木材を集めて販売する仕組みのイメージができ上がりました。自伐型林業に興味を持つ人たち向けの研修会「副業型自伐林家養成塾」をスタートさせ、森林所有者だけではなく、地域の山をなんとかしたいという中嶋自身のような人たちも対象にした学びの場を開くようになりました。

このような動きの中で、「自伐型林業」という新しい概念が次第に形づくられるようになっていきます。

「自伐型林業」とは何か？

自伐型林業の定義。それは、「主体（誰が）」と「経営手法（どのような）」の２つの要素から構成されています。

昔から「自伐林家」という言葉は存在していました。それは、山の持ち主が自らの手で整備、管理するもので、土佐の森のメンバーが実践していたものです。

「森林・林業白書」によると、自伐林家は全国に約６６００経営体があり、日本の木材の約１割を生産していると試算されています。それが、森林所有者に「林業への意欲がない」となれば、業者に森林の管理を任せることになり、自伐林家の数は減少していきます。

自伐型林業は、森林所有の有無、あるいは所有する面積の規模にこだわらず、森林の経営や管理、施業を自ら（森林所有者や地域）が行う、自立・自営型の林業であることが特徴です。

実際、全国で自伐型林業に取り組む人たちといえば、森林を自身で所有していない事例が多く、自分が住む地域の森林について所有者と協定を結び、その森林から持続的に収入を得られるようにする林業を実践しています。

素材生産量の大小は問いません。専業の林業家だけでなく、兼業や副業、週末だけの林業もあります。自伐型林業は、森林ボランティアとは違って林業で売り上げを出して生業にしようとする点で目的が異なり、それは土佐の森の活動から生まれた「新しい主体」による林業でした。

このとき、同時に考えなければならないのが2つ目の要素である「経営手法」です。というのも、森林を持つ側からすれば、業者に委託するのも、自伐型林業に取り組むグループに任せるのも、どちらも自ら林業をしない「委託型の林業」といえるからです。

しかし、「自伐型林業」と「委託型の林業」には明確な違いがあります。一般的に推奨されている委託型の林業では、現場が頻繁に変わり、間伐をした林業者が数年後に同じ場所に戻って再び間伐することはまずありません。それは、土地を転々として伐採を繰り返す狩猟採集型ともいえます。

狩猟採集型の林業で売り上げを出して収入を安定させるには、森林所有者に営業をして回り、行政からの事業を受託して補助金を得る必要があります。大型の機械を購入するので、減価償却費や修繕費がかさみ、その支払いのために伐採量を増やさなければなりません。受注仕事が大半で、基本的には林業の手法は国や県に従うものになります。

森林組合や林業事業体に勤務する伐採担当の林業者は、伐採以外の仕事はせず、分業化された仕事をこなし、設定されたノルマを達成する働き方を求められます。

一方で自伐型林業は、ある一定の面積の森林資源を伐り尽くさないように間伐を繰り返し、森林を育て、長期的な経営の安定を目指します。

一定面積の森林を任せられると、そこからは離れず、将来にわたって管理し続けます。毎年同じ区画の森林に入る（伐採するかどうかは問わない）ため、地域密着型の林業ともいえます。

収入を安定させ、さらに向上させるためには丁寧な作業で森林を健全に維持していかなければなりません。森林の成長量を超えない伐採による抜き切りをして徐々に木を大きくして、面積当たりの森林蓄積量を増やしていく「長伐期・多間伐」と呼ばれる手法を用います。間伐のしすぎや、山肌を丸裸にするような皆伐はせず、子孫により良い山を引き継ぐために、優れた木を残すように選木をします。

漁業で例えるならば、魚の群れを網で囲い込んで効率的に大量に獲る「巻き網漁」ではなく、自伐型林業は海洋資源を残しながら必要な量だけを獲る「一本釣り」のようなものです。資源を取り尽くしてしまえば、そこでの暮らしは終わってしまいます。自伐型林業は資源を維持しつつ、森林の環境を守り、かつ長期的かつ持続的に収入を得て、次の世代にバトンタッチする経営を目指したものです（表１－１）。

表 1-1　一般的な林業と自伐型林業の違い

	一般的な林業	自伐型林業
主体	林業事業体や森林組合（委託型）	森林所有者および地域住民（自立・自営型）
経営手法	短伐期・皆伐（良木から切る）	長伐期・多間伐（良木を残す）

自伐型林業のルーツとなる林業家らとの出会い

土佐の森で自立・自営の林業に魅力を感じた中嶋は、全国どこででも地域密着型の林業ができないものかと考えました。そこで「長伐期・多間伐」を実践している林業者の経営手法を見ると、ヒントがありました。中嶋が幸運にも出会えたのは、徳島県で家族林業を営む橋本さん一家と、奈良県の大森林所有者である岡橋清元さん・清隆さん兄弟です。両者はいずれも大阪府の林業指導家・大橋慶三郎さん（１９２８〜２０２３年）に師事し、長期的に持続可能な林業経営を営んでいました。

徳島県那賀町に住む橋本光治さんは、妻の延子さんとともに１１０ヘクタールの森林を経営しながら暮らしていました。延子さんの祖父が明治末期に始めた林業を１９７８年に夫婦で３代目として引き継ぎ、今は息子の忠久さんも加わって、林業で生計を立てています。

那賀町は、西日本で2番目の高さを誇る霊峰・剣山の南麓にあります。町の面積の約95％が森林で、その約８割が人工林。中嶋は橋本さん一家の山をはじめて訪れた時、その森の美しさに驚かされました。森林で育てられているスギの平均樹齢はおよそ80年。なかには１１０年を超える樹木もあったのです。

橋本さんの祖父は、長い時間をかけて自然と調和した山づくりを意識し、実践してきました。しかし、１９７０年代に入ってからは、今の日本の多くの森林所有者と同じように、伐倒と搬出を業者に委託するようになり、美しかった森林が徐々に荒れていくようになりました。これは、橋本さんの山に限ったことではなく、全国各地で当たり前のように広がっていた光景で

写真 1-1　徳島県那賀町で林業を営む橋本光治さん

した。伐採を依頼された業者は、効率的に収益を上げるために良質な木から伐採していきます。それを目の当たりにした橋本さんは、それまで勤めていた銀行を退職し、林業の世界に飛び込みました。32歳のときのことです。

「樹齢100〜150年の良質な木が次々と伐られていたんです。林業を業者に委託していたのでは、山から木がなくなってしまう。『これはアカン』と思ったんです」（橋本さん）

ただ、林業を引き継いでからまもなくして頼りにしていた祖父が亡くなり、当初の計画に大きな狂いが生じました。技術を引き継ぐことができなかったのです。橋本さんは、林業経営を続けていくために思案を巡らせた結果、こう考えるようになりました。

「人様に任せず、自分自身で木材を伐採・搬出をしなければ経営は成り立たない」

こうして、自伐林家としての歩みが始まりました。橋本さんの妻の延子さんは、当時をこう振り返ります。

「もう、私たちは断崖絶壁に立たされてましたからね。そんな時、夫が『道を造り、機械化するしかない』と言い始めたんです。私もそれしかないと思いました」

木材を切り出しながら、長伐期・多間伐の山を造るには、経営のコストを下げる工夫が必要でした。そこでポイントになったのが森林の管理や木材の伐採・搬出を効率化するための「道」（作業道）です。

林業を実践してみると、誰もが木材を伐採したあとの搬出作業に労力とコストがかかることに驚かされます。せっかく伐採しても採算が合わない。伐った木をそのまま山に置いておく「伐り捨て間伐」が全国各地に広がっているのも、その現れの一つです。

しかし、小型の重機を使って山に道を張り巡らせば、目的の場所まで車両でたどり着くことができ、搬出しやすい環境ができます。長伐期・多間伐の山を作るための格好の手段が「道」だとわかりました。

とはいえ、当時の光治さんには作業道を敷設する技術を持っていませんでした。周囲の林家に聞いても、自分で道をつけている人なんていません。そんな時に、人生の師となる大橋慶三郎さんと出会いました。

大橋さんは「作業道づくりの名人」として知られていましたが、実際に見たその作業道は、橋本さんを驚かせました。というのも、大橋さんの山は、花崗岩（かこう）が風化してできたまさ土と呼ばれる砂のような形状の地質で、安定感が他の土質に比べて劣り、雨が降るとすぐに崩れてしまうからです。そんな不安定な地質でも崩れない道に、橋本さんは希望を抱きました。

橋本さんの山はまさ土ではないものの、全国有数の急傾斜地にあり、下手な道を造れば崩壊するのは明らかでした。大橋さんが考案した道は崩れないように設計されており、狭い道を高密度に付けることで、低コストの林業経営ができていました。まさしく経済性と環境性を両立させる林業でした。

こうして橋本さんは、１９８３年から大橋さんの指導を受けながら本格的に作業道づくりを始めると、徐々に搬出コストの削減効果が見えるようになってきました。橋本さんの山に造られた作業道の密度は、通常の20倍以上となる１ヘクタールあたり３００メートルで、木を倒せばどこかの道に引っかかるような高密なものです。斜面での作業も減り、安全性も増します。今までつけてきた作業道は全長約30キロメートルにのぼります。

今では橋本さんの道を見ようと、学生や海外からの来訪者が増えました。林内にはスギを中心とした人工林の中に、モミ、ケヤキ、カシなどの広葉樹も生育

写真 1-2　徳島県那賀町の橋本山林の視察ツアーに集まる参加者たち。自伐型林業への参入者は老若男女、多岐にわたるのが特徴だ

しています。橋本森林を長年調査してきた徳島大学の鎌田磨人教授の研究室の調べによると、250種以上の植物種が存在し、そのうちの10種は徳島県の絶滅危惧種となっています。

鎌田教授は橋本森林の調査論文で、「木材生産のための森林の中に、自然度の高い植生が保持されているこの人工林は森づくりの学びの場となっていて、多くの林業関係者や研究者が橋本氏の林地を訪れる。そして、人々はその森の豊かさに驚き、癒やされて帰る」と書いています。

林業＝伐採業。林業家＝チェーンソーを扱う人。林業といえば、おおよそこのようなイメージを抱く人が多いでしょう。しかし、森林の経済価値を分析してみると、伐採して得られる木材の経済効果以上に、水質の浄化や二酸化炭素の吸収などたくさんの環境的価値があります。林野庁によると、日本全体でその価値は年間約75兆円にものぼるといいます。

2019年9月、徳島県那賀町では24時間で500ミリを超える降雨量を記録しました。が、橋本さんが敷設した作業道はビクともしませんでした。大橋慶三郎さんの道づくり技術を学んで敷設した作業道は、まさに持続可能な作業道でした。

橋本さん夫婦が林業を始めてから40年以上が経ちますが、その間、一時的な利益を求めるためにたくさんの木を伐採するのではなく、いつも100年、200年先の森林の姿を想定し、子どもや孫たちの世代のために豊かな山を育て、引き継いでいくことを考え続けてきました。

皆伐は一切しません。間伐率（森林の中で木を間引く割合）2割以下の弱度の間伐を約10年毎に繰りかえす「多間伐施業」で林業経営をしています。

橋本さん一家が営む山は、自立・自営型の林業を考えてた中嶋にとって目指すべき模範（モデル）となりました。

吉野林業の「山守制度」から学ぶ小規模分散型の管理システム

同じく大橋さんの弟子にあたるのが、奈良県吉野地域で林業を営んできた岡橋兄弟です。吉野林業といえば、樹齢２００年以上のスギとヒノキを生産し続けている日本を代表する林業地です。

岡橋家が代々引き継いできた山の面積は約１９００ヘクタールにのぼります。橋本さんの紹介で岡橋さんの山を訪問した中嶋が興味を持ったのは、その広大な土地を「山守（やまもり）」と呼ばれる地元住民とともに共同で維持管理する仕組みでした。岡橋家の山には、67軒の山守が暮らし、それぞれが割り振られた面積の中で、家族や親戚とともに林業を営んでいました。

弟の岡橋清隆さんはこう言います。

「山守さんは森林所有権を持ちませんが、任された山を自分の子どもや孫のように丁寧に育てました。撫でるように育てたことから、今でも撫育(ぶいく)と呼ばれています」

江戸時代から吉野に伝わる「山守制度」は、大規模な森林を分けて、森林を分散管理していくものでした。そして、山守自身に自らが生活できるだけの量の山を守ってもらいます。一人ひとりは自主的な経営判断を持った林業家です。この伝統的な森林管理の仕組みが、自伐型林業の小規模分散型の管理手法のヒントになったのでした。

岡橋家の森林にも、大橋慶三郎さんから指導を受けた「壊れない道」が造られています。

道幅は2・5メートル以下で、一般人からすると乗用車でもギリギリと感じられるような細い道です。山側の土を削る高さ（法面(のりめん)）は肩の高さほど（1・4メートル以下）で極力山肌を

写真1-3　岡橋一家が整備した山は、樹齢200年を超える木が立ち並ぶ

傷つけません。この小さな道でも直径1・5メートルほどになる樹齢250年のスギを運ぶことができます。

「僕らが道を造り始めた時代は、みんなヘリコプターで集材していました。木材の価格が上がらなくなってコストが見合わなくなり、山守さんが山に入らなくなったのです。そこで私たちが道を造り、自分で木を伐り出すようになりました」（清隆さん）

岡橋兄弟が山に入ったのは1979年のことでした。最初に自己流で造った道が崩壊し、失意の底で出会ったのが大橋慶三郎さんだったというわけです。岡橋兄弟をはじめ、現在の自伐型林業推進協会の講師を務める野村正夫さんたちが道を造り、40年前からつくってきた道は約78キロメートルにまで伸びました。作業道が張り巡らされていることで、広大な面積の森林を低コストで木材搬出できるようになっています。

今ではこの道づくりの方法は「奈良型作業道」として、県内の道づくりのスタンダードとなりました。それは、岡橋家のような大きな森林を所有する吉野の山主たちにも広がり、山主が自ら林業をする形ができています。

小規模・家族経営の林業だからこそ参入障壁が低い

土佐の森で自立・自営の林業を実践した中嶋は、約110ヘクタールの森林を家族で営んできた橋本さんと、200年を超える木を育てることができる岡橋さんに出会い、自伐型林業の形を築き始めました。2014年に自伐型林業推進協会を立ち上げたとき、中嶋はこう語りました。

「橋本さんも岡橋さんも、奇抜なことは一切していません。昔ながらの手法で木を切って、小さな重機を活用して、広大な森林を分散管理していくやり方で山を守っています。林業という時間軸の長いスパンの世界で奇抜なことをしたら、えらい（ひどい）ことになります。10人に1人の成功を求めるよりも、みんなができるようなスタイルでなければ就業者は増えないし、地域振興につながりません。自伐型林業の展開はオーソドックスなもので一貫していきたいのです」

土佐の森の時代から20年以上経ち、初期投資額が少なく、新規の林業就業希望者が参入しやすい経営手法として自伐型林業が各地で実践されてきました。今では、橋本さんや岡橋さん。野村さんは講師として全国を回っています。

自伐型林業に関心を持った人、講師に魅力を感じた人たちなどが続々と研修に参加しています。都会暮らしに限界を感じた人、自然と触れ合う生活をしたい人、生まれ育った田舎を元気にしたいと誓った人。参加者は多種多様な想いを持っていますが、「自分の住んでいる地域を良くしたい」という思いは共通しています。これからの日本の林業の担い手に、これ以上ふさわしい人たちはいません。

日本の歴史を振り返ると、一部の林業先進地を除いて、林業を専業として仕事をしている人はほとんどいませんでした。昔であれば、農作業の合間や、あるいは秋から春にかけ伐採して、農閑期の収入源にするのが一般的だったからです。

これは、現代にも通じる中山間地域の暮らし方とも言えます。現在でも自伐型林業を実践する人は、カフェ経営、観光業など、いろんな副業をしながら林業を続けています。そういった暮らしを実現できるのも、自伐型林業の魅力の一つです。

近年、「地方創生」が国の重要政策として掲げられています。中山間地域では、農産品の特産物の開発や観光業への展開などに力を入れています。しかし、ほとんどの自治体では若者世代を地域に呼べるほどの仕事を生めていません。

一方で、林業は農業や観光業などの合間に作業ができ、副業としての仕事にも適しています。農業であれば、種まき、雑草取り、収穫など決まった期間に決まった仕事をしなければなりません。観光業であれば、長期休暇や週末に仕事が集中してしまいます。林業は忙しくない時期に山の管理をしたり、作業道を造ったりすれば十分なのです。

国の政策でも注目されている自伐型林業

政府もまた、自伐型林業の普及に注目をしています。

２０１５年6月30日の閣議で、新成長戦略と骨太の方針および「まち・ひと・しごと創生基本方針」が決定されました。その中で、林業の担い手として「自伐林家」が明確に位置づけられ、技術指導の推進を図るとの具体策も記載されています。具体的には以下の通りです。

◎林業の担い手の育成・研修等

「自伐林家を含む多様な林業の担い手の育成・確保を図るため、林業を学ぶ高校生等に対する専門教育の充実等による林業関係への就職・進学の増加、女性が働きやすい環境整備、自伐林家が施業に参加しやすくなるような技術指導の推進を図る」（「まち・ひと・しごと創生基本方針」より）

こうして政府の方針として位置づけられたことにより、大規模一辺倒だった林業政策が、少しずつ家族経営・小規模経営の自伐型林業に変わりつつあります。橋本さんも、２０１６年の農林水産祭で「内閣総理大臣賞」を、２０１８年には「旭日単光章」を受賞しました。家族で作り上げてきたその森林は、環境省が認定する「自然共生サイト」に認証され、ＯＥＣＭ（42ページコラム参照）として国際データベースに登録されるまでになりました。

自伐型林業推進協会は、日本で持続可能かつ経済的にも自立した林業を普及させるために２０１４年に設立されました。それからすでに10年が経過し、発足当初から自伐型林業の普及を支援してきた先進的な自治体では、たくさんの若者が新規林業参入者として地元で活躍しています。

もちろん、現行の大規模皆伐型の林業モデルを推進する自治体もまだたくさんあります。その多くは長期的な視点を軽視し、将来世代に負担を残しかねない林業です。皆伐や過度な間伐が原因となった土砂災害は全国各地で多発し、なかにはたくさんの人命を奪ったものもあります。土砂崩れで道路が寸断され、復興の足かせとなっている地域もあります。崩壊していなくても、皆伐後に再造林された森林は約４割しかありません。再造林にはコストがかかるため、植林できない森林所有者が大勢いるためです。これ以上、今の林業を続けていくことには限界があるのです。

本章の冒頭で述べたように、日本の林業は今、大きな岐路に立っています。日本の豊かな森林資源をこれからも守っていくためには、今の林業のやり方を根本から改める必要があります。

そこで第2章では、自伐型林業が持つ可能性について、さらに詳しくお話をします。

写真 1-4　皆伐した後に再造林されていない山（熊本県球磨村）

生物多様性の保全に貢献する「自然共生サイト」に認定された自伐型林業の森

近年の環境問題への関心の高まりから「自然共生サイト」という取り組みが注目を集めています。

自然共生サイトとは、国立公園のように国から保護を受けている区域ではなく、人間が日々の営みを続けながらも豊かな生態系が維持され、生物多様性の保全に貢献している場所のことです。企業や個人、宗教団体など民間団体の取り組みが対象で、2023年から環境省による認定制度が始まりました。

この第1回の審査で自然共生サイトの認定を受けたのが、第1章で紹介した徳島県那賀町で橋本さん一家が経営する山林です。自伐型林業によって環境性と経済性の両立を実現していることが評価され、2024年には、国際的な生物多様性保全の取り組みである「OECM」（Other effective area-based conservation measures＝その他の効果的な地域をベースとする手段）にも正式登録されました。

日本政府は、2030年までに陸と海の30％以上を健全な生態系として効果的に保全しようとする「30by30（サーティ・バイ・サーティ）」と呼ばれる国際的な取り組みに参加しています。それは、生物多様性の損失を食い止め、回復させるための「ネイチャーポジティブ」の実現に向けた目標の一つと位置付けられています。

自然共生サイトやOECMは、単なる「環境保護」ではなく、人間の日々の営みの中で継続して自然共生型の環境を維持・強化することを目指しています。認定後のモニタリングも重要視されています。

「生物多様性保全」は国際的にも大きな流れであることから、日本の有名企業も注目しており、253カ所の認定地域（2024年末現在）でも大企業が所有する森が多数あります。

その中で、家族経営で長伐期多間伐の山づくりをおこない、林業経営と生物多様性を両立する橋本さん一家の山林は、これまでの人工林のイメージを大きく変える存在で、専門家や環境保全に関心の高い人達からも注目を集めています。

自伐型林業に新しく挑戦する若者たちは、橋本さん一家が作り上げた山を目標の一つにして、林業に関する知識と技術を学んでいます。そう遠くない将来に、新たに自伐型林業を始めた人たちの山林も、自然共生サイトやOECMに認定されるような生物多様性に富む場所に生まれ変わっていくでしょう。

第2章

小さな林業の大きな可能性
自伐協代表理事・中嶋健造講演録

本章は、自伐型林業推進協会代表理事の中嶋健造が2024年3月に行った講演をもとに、加筆してまとめたものです。家族経営・小規模経営だからこそ実現できる「持続可能性」と「経済性」を両立させた林業を解説し、大規模・皆伐型の林業による荒い施業が原因となって全国各地で発生した土砂災害の調査結果などを紹介します。

こんにちは。自伐型林業推進協会の中嶋健造です。今日はよろしくお願いします。

自伐型林業というのは、林業の前に「自伐」という言葉がついています。要するに、自分で林業をやるということです。これが、今の林業とは大きく違う点です。

現在の林業では、多くの場合、森林所有者や地域の人たちは、森林組合や専門の事業体に業務を委託しています。「自分で伐る」という言葉から、自伐型林業を「自分で木を伐ること」だと理解される方もおられますが、それは全体像のほんの1割ほどの意味合いにすぎません。

自伐型林業はもっと広く、もっと深い意味を持っています。その全体像を、そしてその手法がどのような結果の違いを生むのかについて、今日はみなさんにお話しさせていただければと思います。

もともとは日本の伝統的スタイルだった自伐型林業

「自伐型林業」とは、自分で森林を管理し、木材の伐採から販売までを一貫して行う林業のことを指します。単に木を伐るだけではなく、森林経営全体を自ら担うという形態です。これはもともと日本の伝統的な林業スタイルで、一部の地域では自分の山を自分で管理する人を「自伐林家」と呼んでいました。

私がはじめて自伐林家に触れたのは、２００１年のことです。それまでは地域振興の活動に携わっていました。私は高知の中山間地域の田舎で生まれ育って、いったんは都会に出てから地元にUターンした際に、地域が疲弊している現状を目の当たりにしました。そこで、「地域に役立つ仕事ができんもんか（できないか）」と考え、農業に取り組むことにしました。

当時の私には農業の経験はありませんでしたが、ちょうどグリーンツーリズムが注目されており、農業体験イベントや農家民宿を通じて都市と農村をつなぎ、地域活性化を図る取り組みが広がっていました。

中嶋健造（なかじま・けんぞう）
1962年、高知県生まれ。同県いの町在住。愛媛大学大学院農学研究科修了。2003年、NPO法人「土佐の森・救援隊」設立に参画。2014年、NPO法人「自伐型林業推進協会」を設立し、代表理事に就任。著書に『New自伐型林業のすすめ』ほか執筆多数最初は棚田保全や焼畑農業の復活に取り組みました。特に焼畑は、一度は途絶えていたものを、地域交流型の観光として復活させようと思ったのです。本気で3年間、取り組みました。これがなかなか難しかった。人は来てくれるけど、継続的な収入に結び付かない。例えば、焼畑のイベントには100人以上が来てくれるのですが、持続的な収入にはならんのです。だんだんと方向性が違うかもしれないと思い始めました。

峠から棚田を見下ろしたとき、ふと気づいたのです。棚田とか焼畑とか、小さな範囲ばかりに目を奪われていて、大きな資源である山を見てなかったと。この気づきから、すぐに森の活動を行っている団体を探して参加するようになりました。それで自伐林家が立ち上げた団体を知り、森林ボランティア活動を始めました。「源流森林救援隊」に参加してみたところ、チェーンソーの研修を受けるところから始まり、山に入って実際に木を伐採し、2トンのトラックに荷積みし、販売するところまでやっていました。当時、間伐の遅れが全国的な問題となっており、放置林が増加していたため、その課題解決を目指す活動でした。

写真 2-1　参加していたボランティア団体
（手前右から3番目が中嶋）

驚かされた自伐林家の収益性の高さ

最初は体力的にしんどくて、付いていくので精いっぱいでしたが、1年もすると体力が付き始めました。それで本気で林業で食べていけるかどうかを考えて、一度、この林業での収益を計算してみることにしました。

現場で売上を計算してみると、1人当たりの収入は少ないときでも1日当たり2万円、多いときで5万円になっていました。当時は木材価格がやや高く、スギは1立方メートル当たり1万5000円程度、ヒノキが2万5000円程度です。伐倒はチェーンソーで、搬出は林内作業車でした。午後から仕事をして翌日にトラックで搬出し、そのトラック2杯分は出荷できるなという感じでした。出費はさほどありません。毎月20日間も山に入れば、十分暮らせる稼ぎになるという結果でした。

この活動に参加して感じたのは、そこそこ稼げている団体だなという雰囲気でした。間伐材を販売した収益によって活動費やメンバーの宴会代を賄ってくれていたのです。「こんなええもん、どないしてんの？」とメンバーに尋ねたら「木を出して売ったお金や」と言われて、おやっと意外に思った記憶があります。「林業は儲からない」というのはホンマかしらと。

その後、高知県や徳島県で、自伐型林業に取り組む人々を訪ねました。例えば、高知県内の林業者は消防士として働きながら、副業として間伐材を販売し、年間200万～300万円を稼いでいました。「消防士の収入と変わらんのや」ってニヤっと笑いながら話してたのです。おいおい、儲かっとるやないかと。

一つ心配だったのは、継続して収入を得ていけるのかでした。そのタイミングで出会ったのが、徳島県の自伐林家である橋本光治さんでした。

橋本さんは約110ヘクタールの山林を家族で管理し、30年以上にわたって林業だけで生計を立てていました。「苦しい時期もありました」と語りながら、相続税の支払いが大きな負担だったことを話してくださいました。その額は数千万円です。相当な額を十数年にわたって払い続けたそうです。それでも家族を養い、子ども2人を私立の大学に通わせることができたと聞

写真 2-2　林内作業車と呼ばれる小型の搬出機械を用いた施業の様子

いて、林業はちゃんとやればしっかり継続して成り立つ仕事なんやと実感しました。

　橋本さんの山を見る前までは、さすがに「伐り過ぎて木がなくなっとるんちゃうか」と思っていました。実際はその逆でした。山には十分な木があり、薄暗い程度に密度が高く、毎年間伐を繰り返しながら豊かな森林を維持していました。雰囲気も良くて、「ほとんどの山が植林からすでに3回以上、多いところは5回程度間伐を繰り返している」と橋本さんが言っていたのが新鮮に感じられました。植生も豊かで、何十年にもわたって丁寧に管理されてきたことが一目でわかりました。

　手入れをしっかり続けていれば、豊かな森は作れる。自らの手で間伐を繰り返しな

写真2-3　橋本さん一家が経営する山林

がら家族全員を養える。補助金に依存せず、山林の持続可能な管理ができるという見本です。自伐型林業のその後の全国展開に向けた大きな出会いで、現代の一般的な林業とは全く違うやり方でした。

今の日本の林業の原型は20年前に始まっていた

2003年頃、高知県では大規模な林業が広がり始めていました。県内の森林組合が列状間伐した山を一般公開した時期でもあります。列状間伐とは、山の中において一定の幅で直線的に木を切り、隣の区画を残すことで森林を管理する手法です。高知県内の森林組合はこの方法を導入するために、13トン級の大型機械を4台ほど購入して作業を進めていました。

山に道を造って機械を使う現場を視察してみました。チェーンソーで木を倒したあと、機械で木を引っ張り出し、それを大きなアームでつかんで、規格どおりに切りそろえていく。その木はフォワーダー（積載式集材車両）という運搬車両に積み込まれ、効率よく運び出されていきました。その作業のスピード感や無駄のなさに、現場にいた人々は「これが新しい林業の形だ」と感心していたのですが、私は逆に「すさまじいことしとるな」と違和感を覚えました。伐採された木には、もはや「生き物」としての存在感はなく、単なる「モノ」として処理されているような感覚を受けました。

山頂付近にある急斜面の区域では、「ここでは道を入れずに作業できる」といった技術が紹介されました。確かに技術的にはすごいのかもしれませんが、遠くから見るとその山は「虎刈り」と言えるようなまだら模様になっていましたし、他の場所は木を抜きすぎて明るくなりすぎて、スカスカの森になっている光景が広がっていました。

また、大型機械を導入している現場では、補助金を大量に受け取りながらの施業が前提になっていました。「補助金がなければ間伐はできない」といった声も多く聞きました。効率性を高めた林業なのに、補助金頼りとはどういうことか。その林業の裏側で、山や森が持つ本来の価値が失われているのではないかという不安がぬぐえませんでした。

現場の作業員の働き方も問題でした。一人の友人

写真 2-4 高知県東部の林業の現場。暴風発生時に高性能林業機械用の幅広の道から風が入り、木がなぎ倒されていた

が「毎朝6時に家を出る」と言うのでよくよく聞いてみると、現場は片道2時間かかる離れた山で、「仕事をしてクタクタになったあと2時間かけて帰ってくる」というわけです。往復4時間かけて働いて、いくらもらっているか。月収20万円前後。「おいおい、林業界はどうなっとんねん」という話です。

短伐期皆伐施業と長伐期多間伐施業の違い

施業の方法について、わかりやすくお話をするために、橋本さんの実践していた「長伐期多間伐施業」と「短伐期皆伐施業」を比較してみましょう。

短伐期皆伐施業では、まず皆伐跡地に苗を植えます。最近は、コンテナに入れて植えることが多いですね。それから、苗の成長の邪魔になる周辺の下草を刈ります。植えた木が、そのほかの植物に負けないようにするためです。これを真夏のカンカン照りの下でもやらないといけないので、一番大変なんです。それが30年以上経つと、間伐をします。最近では、高性能林業機械を使って列状間伐することも多いです。

今はなぜか、「明るい森＝良い森」という誤解が広がっているんですね。

タワーヤーダ（タワー付集材機械）という高性能林業機械で木を引き上げて、大量の間伐を

写真 2-5　生産量を上げるために敷設された幅広の作業道

写真 2-6　幅広の作業道から崩壊した山

します。機械を入れるために、大きな道幅の林道を山に造ります。林業専用道ですね。林業をするときにメインとなる幹線の作業道です。林道ではありません。山に入るために、林道から分かれた作業道です（写真2－5）。

林業専用道は10トンクラスのトラックを通すことを目的に敷設されていて、抜開幅は10メートル以上あります。これが大雨で崩れやすく、写真2－6のようになります。

そして、50年が経つと皆伐します。皆伐したあとは、裸地になることが多いです。木材を引っ張り出すタワーヤーダと作業道を敷設するためのユンボ。大きな機械を使いながら作業するのが、日本の今の林業です。

さきほど述べたように、皆伐型の大量伐採施業が広がったのは、戦争中の強制伐採や、戦後に復興のために建築用材が大量に必要になったこと、拡大造林のときの広葉樹伐採が原因です。過去に比べて、人工林が2・5倍になりました。

林業を誰かに全面的に委託することの問題

そして、現在の林業が抱える最大の問題は、林業の仕事を全面的に委託することに依存している構造にあります。他の産業では、大規模な企業であっても主要な生産活動は自ら行うのが一般的です。農業では農家が自ら生産を行い、自動車産業でもメーカーが組み立てや販売を担っています。それに対して林業は、外部の誰かや業者に頼りきりで、山林所有者が自ら管理・運営をしないことが根本的な問題です。

この構造が固定化されたきっかけの一つが、１９６４年に制定された林業基本法（現在の森林・林業基本法）です。それまで山林の主体者は山林所有者であり、林業の主体者も山林所有者でした。それが基本法によって、主体者が森林組合に変わったのです。「すべて森林組合に委託してくださいね」ということになりました。

では、森林組合はどのような団体へと変わっていったのでしょうか。

それは、作業員を中心に構成され、現場作業を専門的に担う団体としての色合いを強めていきました。本来、農地の所有者が自ら農作業を行うという第一次産業型の構造とは異なり、森林組合は山林所有者に代わって、いわば外部の作業者が山林に入り、伐採や管理を行う体制へと移行したのです。このように、山の管理は、所有者自身の手を離れ、組織化された作業者が中心となる仕組みが広がっていきました。

さらに、戦後の拡大造林はすべて委託で実施されるようになりました。その一つに、森林整備公社があります。よくあったのが、20人の山主を集めて「山主は山の整備を森林整備公社に委託してください」と、40～50年の長期契約を山主と公社との間で結ぶことです。そのあとの森林の整備は公社が森林組合を通じて行います。しかし、木材価格の低下などによって収益が悪化し、債務残高は1兆円を超えました。それで、40〜50年の間に山林を皆伐して丸裸にし、お金を返済する。この仕組みができた頃から、皆伐型の施業が一般的になっていきます。

国有林では「緑のオーナー制度」というものもありました。これも短伐期皆伐型の林業です。国民が一口50万円を投資して、それを森林整備に使う仕組みでした。これに何千万円も投資した人たちがいましたが、結局リターンは元本割れとなり、問題になりました。

2009年に委託型林業の流れはさらに加速しました。政府は当時18%だった木材自給率を「今後10年で50%に引き上げる」という目標を掲げました。その目標を達成するために、全国各地に大規模な製材所やメガバイオマス発電所を作ることを奨励しました。当時といえば、戦後の拡大造林の時期に植林された人工林は樹齢40年程度でした。「10年で50%の自給率になる」となると、樹齢50年の木を市場に流通させる必要があります。そこで目をつけたのがバイオマス発電でした。それでも木材が足りないと、東南アジアから輸入した木材を燃やして発電しています。

2009年に「森林林業再生プラン」がスタートしました。林野庁は「森林林業再生プランを実行すれば、林業従事者が5万人から10万人に増える」と言っていました。それが、どうなったか。増えるどころか、減っています。現在、林業関連予算に年間約3000億円が投資されていますが、林業従事者は減り続けています。

50年周期で循環させる林業を国は奨励していますが、実際は厳しいのです。分析してみるとよくわかります。伐採して再造林すると、不採算になるのです。生産量が少なすぎる。スギを50年サイクルで回すと、１ヘクタール当たり４００立方メートルから５００立方メートルの生産量が一般的です。しかし、これでは少ないのです。

そして、木の質も低い。樹齢が50年というのは、Ｂ・Ｃ材ということです。木材業界では、搬出した木材の品質を主に「Ａ材」「Ｂ材」「Ｃ材」の３つに分類します。Ａ材が最も品質が高く、Ｃ材が最も低い。50年で伐採すると、Ｂ材とＣ材ばかりにしかならないのです。

さらにコストがかかる。再造林（植林）を頻繁にやらないといけないからです。なにより使用する林業機械が大きい。自伐型林業者が使う３トンクラスのミニユンボの燃料は、１日当たり軽油20リットルで済みます。それが、大規模皆伐林業の現場では13トンクラスの機械にドラム缶が２つ、20トンクラスの所には３つ用意されてます。つまり１日当たり４００〜５００リットル使うということです。燃料代が20倍以上かかります。

木材の質が非常に低く、単価が安く、生産量も少ない。なのに、コストがかかるから利益は出ない。これは、子どもでもわかる理屈です。

50年周期で皆伐するというのは、ヨーロッパの中でもフィンランドやノルウェーのやり方です。この地域は、平地なんです。寒いので、木の質が悪く、モミが中心です。モミは柔らかくて、木材としての価値が低い。ドイツ、オーストリア、ロシア、カナダもそうですが、これらの国々の一般的な木の質は良くない。

また、平地で怖いのは、風です。樹高が伸びると、風によって倒れてしまいます。オーストリアやドイツは風倒木問題に頭を抱えています。まだ、倒れる前に伐採するというのならわかります。しかも、平地であれば、高性能林業機械は効率がいいので、短伐期皆伐施業でも経営が成り立ちます。平地は水の流れが弱いので、土砂災害は起こりにくいからです。

しかし、日本では違うんです。まず、搬出コストがかかります。山が急峻で入り組んでいるためです。山を丸裸にしてしまったら、山が崩壊してしまいます。これではダメなんです。日本に適した林業施業をしなければなりません。日本の山は急峻で入り組んでるということは、裏を返せば高齢樹化できるということです。岡橋さんの200年の森は、谷底が深く急斜面のV字谷の間にあります。そういうところだと、200年や300年の森が作れるんです。

地域でどれだけの木が育つかというのを知るには、神社仏閣に行くといいです。神社仏閣の森は、昔の人が後世の人たちのために「この地域では、こんな樹種の木が、こういうふうに育ちますよ」ということを教えてくれているわけです。

高品質材の流通を、世界の木材流通の1%でいいので作り続ければ、日本の林業者はそれでご飯が食べていけるようになるでしょう。日本の国土面積はそれほど大きくはありませんので、量ではかないません。だから、世界の中のレアな市場をつかんでいく方針を取るのが良策だと思います。

森の中の木の質と量を高め続ける

ここから自伐型林業の話を始めていきます。自伐型林業とは何か。簡単に言うと、山林の質と量を高める林業です。質とは、良質な木を育てて単価を上げること。量とは、面積当たりの蓄積量を増やすこと。この両方を実現するのが自伐型林業であり、多間伐施業（何度も間伐を繰り返す方法）によって質と量を向上させます。

自伐型林業を実践する人は、自ら森林の経営と管理をして、伐採から販売までを一貫して実施します。森を離れずに持続的な収入を得られます。特に重要なのは、毎年収入を得られる仕組みを作ること。５年に１回の収入では生業にはなりません。限られた面積であっても、持続可能な管理と収益化を実現することが、地域と林業の未来を切り開く鍵だと考えています。

日本の林業が抱える構造的な問題の根本は、自らの手で管理・運営をしないことにあります。この構造を変え、自伐型林業を普及させることで、林業を再生し、日本の中山間地域を活性化させることができるはずです。

実際に自伐型林業を実践できるのは、自らが管理する山を固定し、長期間にわたって施業を続けられる人だけです。今の森林組合や素材生産業者のように、作業を請け負う形で山林を転々と変えていく人に、多間伐施業は不可能です。

自伐型林業では、結果的に、山が長期的に生産を続けられる状態を維持する形を目指すことになります。雨が降ってもすぐに崩壊したり、山崩れが起きたりしないことも大切です。奈良県の吉野林業では、こうした方法を２００年以上続けています。一度植えたら、２００年以上も植え替えず、持続的に生産し続ける山を作っています。今の林業では50年で伐採するので、森林のサイクルは終わってしまいますが、自伐の多間伐施業はそこからが始まりです。

さらに、林業には季節性があります。木が成長する春から夏は、本来は伐らないほうがいい。秋と冬、木が成長を休む期間に伐るのが理想的です。本来の林業は秋冬型であるべきなのです。

経営の安定性を考えると、木材価格の変動も問題になります。木材価格は先物取引のように大きく変動します。だからこそ、小規模で低コストの経営や、兼業による収入の分散がとても重要です。

結果的に、自伐型林業は経済性と環境性を高い次元で両立する、優れた環境保全型林業と言えます。持続的・永続的な森林経営を実現し、土砂災害防止や環境保全も担保する。こうした自立・自営の林業の形は、西日本で広く行われ、東日本ではようやく実践が始まっています。時間をかけてその考えを学んでいく必要があるでしょう。

自伐型林業は、現在の林業が抱える大きな問題点を解決できる手法です。この発想にたどり着いたのは十数年前のことでした。それは日本にもともとあった、伝統的な林業の手法でした。

成長量を超えない弱度間伐

今の林業は、植えてから20年で除伐をし、40年ほどで列状間伐。50年経ったら皆伐するという発想です。それで、50年間の生産量が１ヘクタール当たり４００～５００立方メートルというやり方です。列状間伐をすると、多間伐施業は成立しません。列状間伐は有良木の選木をしない伐採ですし、風や光が入りすぎるので、山が劣化します。継続は１００％無理です。

自伐型林業はそうではありません。50年経っても、木が育ちます。そうすると、森林の蓄積量が増えていきます。では、これをいかにやるか。

多間伐施業で２００年以上かけて整備をし続けると、優良な木が育ちます。１ヘクタールあたり１５００立方メートルの材積量になる山もあります。高知県の保護林である魚梁瀬（やなせ）林業地に千本山というところがあるのですが、そこの材積量は２０００立方メートルです。

多間伐施業の解説をします。皆伐するときの材積は１ヘクタールあたり４００立方メートルで、２００年のタイムスパンで考えると4回の伐採をします。合計１６００立方メートルです。一方で自伐の山ですと、２００年経った山に残っている樹木は１５００立方メートルです。これは、20回間伐してもなお残っている材積です。この山の２００年間の総生産量は、１ヘクタール当たり３０００立方メートルとなります。間伐を繰り返すと生産量がとても多くなります。生産量が多いということは、儲かる山だということです。

手順を丁寧に話しますと、まず目指すのは樹齢50年の森です。そこから70年目に作業道を付け終わった時点で、スギで１ヘクタール当６００立方メートル、ヒノキで５００立方メー

写真 2-7　橋本さんが経営する森林には、2トントラックがギリギリ入れる広さの作業道が敷設されている

トルぐらいになっていたら、その山は補助金ゼロで経営できます。このことは、徳島の橋本さんの山が証明しています。

ここで重要なのが、使い続けられる「作業道」です。橋本さんは、40年前に付けた作業道を今でも使っています。壊れない道を入れて、それから自然の影響力をなるべく受けないように光や風、水をコントロールすることが重要です。

壊れない作業道で生態系豊かな森を作る

では、橋本さんの山はどんなものなのでしょうか。写真２－７は、橋本さんの山に敷設されている作業道です。これはメインの作業道ですが、10トントラックが入ることのできるような道ではありません。

写真２－８は、橋本さんをはじめとする道造りの達人たちの師匠である大橋慶三郎さんの山です。大阪府の千早赤阪村にあります。この山の幹線作業道の上を見てみると、空がほとんど見えません。先ほどの幅広の道の写真（写真２－４、２－５）では、空が見えていましたよね。それと見比べると、全く違います。

作業効率が多少落ちたとしても、そうする意義があるのです。これは古い森だからこその工

写真 2-8　大橋慶三郎さんの森。写真下の真ん中にある線は、作業道の上空。作業道を敷設していても、木と木の間は狭く、空は見えない

夫です。写真２－９に写っているのはヘアピンカーブの部分で、これは「洗い越し」と呼ばれるものです。

橋本さんの山は本当に美しいです。1回目の間伐は40年生ぐらいの木を伐りますが、それでも伐った後の山はこんなに木が残っているんです。間伐率は15％ですが、見た目にはほとんど伐られていないように見えます。伐ったあとの山はどうなっているかというと、いつでも木材を出せる状態です。

写真２－10は鳥取県智頭町２回目の間伐が終わった後の写真です。木がしっかり残っていますね。

橋本さんの山は5回ほど間伐して100年が経過した森もありますが、広葉樹も含めて多様な木々が育っています（巻頭カラー写真参照）。

推定で１ヘクタールあたり1000立方メートルほどの材積があると思います。さらに、橋本さん

写真 2-9　橋本さんの森林にある「洗い越し」

写真 2-10　２回目の間伐が終わった森。木が十分に残っている

の最も古い森は120年生前後の木が育っていると思われます。

具体的には、1ヘクタールを1割間伐して90立方メートルを伐採したとしましょう。良木なので値打ちのあるものです。そのうちの80立方メートルを木材として販売すると、1立方メートルあたり2万5000~3万円になります。これだけで1ヘクタールあたり200万~240万円の売上が見込めます。非常に収益性が高い。

奈良のスギ山には樹齢200年の木があります。5年ほど前に1本伐採されたのですが、なんと1本で600万円になりました。

多間伐施業の間伐率は2割

多間伐施業をやるためには条件があります。間伐を10年周期で実施するならば、10年間の成長量より少ない間伐をしなければなりません。だから、2割間伐ぐらいです。だいたい、10年間で27~28%ぐらい成長します。だから2割で止めておいたら、蓄積量は増えていくのです。不思議なことに、生産量が増えているのに、蓄積量も増えていく。つまり、山のボリュームが減りません。

現在の日本では、1ヘクタールを皆伐しても400万円程度の収益しか得られません。それに比べると、このような間伐のやり方がいかに効率的で利益を生むかをおわかりいただけると思います。

日本には、日本に合ったやり方があるんです。江戸時代から戦前まで続いていたような林業の形を現代版にアレンジすれば良いのです。それが、大型の機械を入れると、かえって森林破壊につながります。実際そうなってます。

自伐型林業の新規就業者はどんどん増えています。国の約３０００億円の林業予算のうち、自伐型林業者への補助金はほとんどありません。市町村で少し出してくれているところがありますが、それだけで新規就業者が増えています。

最も多いところでは、１つの町で林業への参入者が50人に増えました。林業従事者が2倍から3倍になるのが当たり前で、10倍以上になったところもあります。これは、今の林業界では考えられなかったことです。こうなると、観光や農業などの小さな仕事も復活してきますし、獣害対策にも大きな効果があります。だから、今、自伐型林業を導入する市町村が全国で増えているのです。

自伐型林業推進協会を立ち上げてから10年が経ちました。この10年で、自伐型林業が経済的に成り立つことを証明できました。中山間地域を再生し、今の林業の問題点を解決できることも実証しました。今後は、どう普及させていくかが課題です。

再造林しても土砂災害は起きる

土砂災害についてのお話をしたいと思います。

土砂災害の原因は、豪雨だけにあるのではありません。報道ではすべて豪雨が原因とされていますが、私は違うと思っています。

私はほとんどの土砂災害現場の調査に行っています。特に激甚災害指定を受けた被災地には必ず足を運んできました。

写真２－11は熊本県で撮影したものですが、間伐の作業道から崩壊した例です。路肩に盛った土とその道に起因した崩壊です。

宮城県丸森町では皆伐地から崩壊していました。1カ所の皆伐地で57カ所が崩壊しています。こういったことが現実に起きているのです。

写真 2-11　熊本県球磨川流域の皆伐現場。作業道から崩れている

私は土砂災害の被災地を調べていく中で、林業の施業手法と使用する林業機械によって、崩壊を誘発するか、防止するかが大きく分かれることを確信しました。現行の林業は、大量生産を目指すので機械がどんどん大型化しています。九州では、20トンの機械を使い、道幅４メートルの作業道を入れています。すごいですね。

結論から言えば、皆伐から7年以上経つと、伐採した木の根は地面を抑えきれなくなります。そして、10年も経つと崩れてきます。大地をつかむ力が弱くなるわけです。宮城県丸森町では、植林してから10～15年の間に崩壊が発生しました。

さらに、大型機械化による効率化を求めた結果、作業道をどんどん広くしなければならなくなり、皆伐の割合が増えています。

皆伐が土砂災害を引き起こすことは、歴史的にも証明されています。

１９４7年のカスリーン台風では、戦時中の強制伐採で赤城山の森林が皆伐されていたことで、１８００ヘクタールが崩壊しました。その土砂は埼玉県にまで流れてきたそうです。このときの総雨量は５６０ミリ。これと同じ雨量が１９８1年に降ったときには、赤城山は植林された木が成長していたので、土砂災害は起きませんでした。

高知県では、１９７2年に「繁藤災害」と呼ばれる土砂災害が発生しました。拡大造林後の山が崩れ、土砂が列車を襲って60人が亡くなりました。自分が小学生のときに起きた事故で、ほかにも1965年から1976年にかけて土砂災害が頻発していました。当時は自衛隊がしょっちゅう出動していて、「拡大造林したところがみんな崩れとるわ」と言っていたのを覚えています。

伐った山と伐らなかった山で土砂災害の危険性は全然違います。2020年の熊本豪雨では、伐った山ばかりが崩壊しています。

2016年に岩手県を襲った台風でも、広葉樹を皆伐した山が崩壊し、その下に建てられていた家々が被害を受けました。このような災害がいくつも起きています。

皆伐された場所は崩壊し、伐られていない場所は崩れていません。2017年の九州北部豪雨でも同じです。特に、花崗岩が風化して砂状になったまさ土のような脆弱な土壌では、皆伐をすると必ずと言っていいほど土砂災害が発生します。

栃木県では2010年から毎年800ヘクタールを伐採する政策を進め、その5年後に災害が発生しました。洪水と土砂流出が川に流れ込んだことが原因で河床が上がり、越流を引き起こしたのです。

また、紀伊半島豪雨、西日本豪雨による岡山県真備町の災害も同様です。熊本県球磨川流域では183カ所の崩壊のうち自然崩壊は11カ所だけ。残りは林業が原因でした。特に、作業道からの崩壊が多かった。

意外にも未整備林や放置林は崩壊していません。森林整備と称して大規模な施業をしているところと比べると、圧倒的に未整備林のほうが崩壊は少ない。未整備林の方が安定している。放置林でも、20年生以上の木があれば安定します。一方で、皆伐や不適切な作業道は、災害を引き起こす大きな要因となっています。

では、自伐型林業ではどうするか。小さな道を造ることで大規模な崩壊を防ぎます。道幅が狭いので、急傾斜でも土砂を安定させ、山と一体化しているため壊れにくい。橋本さんの山では、谷を渡る７カ所の作業道が砂防堰堤（えんてい）の役割を果たし、土砂流出を防いでいます。

さらに、高密度路網を敷設することで山を階段状にし、土の動きを抑え、水源管理を行います。これは棚田と同じ効果があります。雨水を適切に排水し、表土流出を防ぎます。

自伐型林業の道づくりは砂防工事と同じ効果があります。森の状態を維持しながら、災害防止を実現する作業道こそが自伐型林業の要であり、その普及が災害を防ぐ第一歩です。

持続可能な林業を地方のＯＳに

自伐型林業の普及のカギを握るのは、地方自治体への広がりと、国への提案です。

一般的な地方創生事業は、スーパーマンに頼るシステムが成功事例として取り上げられてきました。高知県馬路村のゆずや、徳島県上勝町の葉っぱビジネスのようなものです。これらの事業は、その地域でしかできないことです。他の地域がマネをしようとしても、簡単にはできません。これでは広がりは期待できません。誰でも参入が可能な形を作るために知恵を絞りたいところです。

だからこそ、大きな面積の森林を分割して、自伐型林業者に利用させるのはどうでしょうか。過去に自伐型林業を導入した自治体では、自伐型林業を始めた7割ぐらいの人が事業として続けることができています。さらに、その林業者はやがて仲間と暮らし、なかには家庭を持つ人も出てきますので、地域の人口減対策にもつながります。稼ぐ手段だったはずの自伐型林業が、次第に森林を活用した暮らしを作るベースになり、地域のOS（オペレーティングシステム）のような存在になるわけです。豊富な森林資源をうまく活用するためにも、行政の支援が必要です。

では、行政として何をすべきか。今の決まり切った補助制度に基づく業者の施業に任せっきりの林業から、自伐型林業に切り替えなければなりません。自分の与えられた環境で成り立つ形を考え、実行している林業家が成立するやり方を学ばないといけません。そのためには、現場研修を継続的に行い、技術をしっかりと習得できるようにする必要があります。さらに、山をどう確保するかという課題もあります。これも行政支援が必須です。

現在は事実上、国が自伐型林業者への作業道を敷設する時の補助を出してくれていません。小規模だからという理由で、補助の対象から外されることが多いのが実情です。だからこそ、当面は市町村に補助システムを作ってもらう必要があります。そして将来的には、国に自伐型林業を支える制度を作ってもらいたいと考えています。

持続可能な森林を作って、山林所有者が儲かり、林業施業者が儲かり、地域が活性化する。そうすれば、関係者すべてが恩恵を受けられます。そんなＷｉｎ－Ｗｉｎになるシステムをぜひ作ってもらいたいです。

環境に良い森、土砂災害防止にもつながる森を作って、林業従事者を10倍、20倍にしていける取り組みを実践してほしいと思います。

特別座談会

自伐に夢を託した人たちのために

自伐型林業が発足して10年。瞬く間に全国各地で新しい形の「小さな林業」が広がり、日本全国の中山間地域で、自然と共生したライフスタイルを目指す新しい林業者が生まれました。自伐型林業が広がったのは、なぜなのでしょうか。そして、これからは何を目指すのでしょうか。そこで、第1章と第2章にも登場したベテラン林業者の橋本光治さん（徳島県）と岡橋清隆さん（奈良県）、自伐協の中嶋健造代表理事が語り合いました。

岡橋　全国で自伐型林業の活動が始まってから10年。林業といえば、「きつい」「きたない」「危険」の「3K」労働のイメージがありましたが、自伐型林業の考え方が普及し、イメージがだいぶ変わっていると感じます。女性が参入している現場が多いのは、その現れでしょう。

環境面も経済面も両立しようとする林業が世の中に広がり、それを実践したいと新規参入する人たちも増えました。私自身もだいぶ各地に講師として呼ばれるようになり、この歳になってここまで講師として頼られるのはありがたいもので励みになります。

ただ、「たった10年の動き」とも考えられます。20年、30年と自伐型林業を続けた人たちが「林業をやっていてよかった」と口にするようになって初めて、実を結んだと言えるのではないでしょうか。

橋本　私は大橋慶三郎先生に学んだことを、自分の山の中で家族とともに実践してきた身です。自伐協ができてからは自治体をはじめ、地域で多数が集まるような場で教えさせて頂く機会が増え、自伐型林業の考え方が広がり、相当に普及が進んだと肌で感じます。

しかし、最近の一般的な林業の研修では、大型機械の使い方を教えるばかりのようですね。林業は伐採だけでもなければ、道づくりだけでもありません。森林全体を俯瞰して見られるような人を育てるべきではと考えます。

大橋式作業道だからできる持続可能な林業

岡橋　大橋先生が伝えてきた「壊れない道づくり」を軸にした持続的森林経営ですね。この考えを理解し継承しているのは、もはや国内には自伐協以外にありま

写真左から
中嶋健造・自伐協代表理事、橋本光治さん、岡橋清隆さん

せん。しかし、共感している森林組合であっても、残念ながら、現場を見れば「この程度でかまわないか」という妥協が見えます。

いつの頃からか、一般的には林業は伐採業だと思われるようになりました。木を伐採するという派手なところだけが取り上げられました。「林業は女性にできない」と言う人がいるけど、それは伐採だけだと思っている証拠です。

私たちが仕事をしてきた奈良県の吉野地域では、苗木を作ったり、植えたり、下草刈りをしたりするのは、老年期世代の仕事でもありました。植える間隔を密にする「密植」の現場のため、吉野の下草刈りは手元の細かな作業も多く、性別や年齢問わず多くの人たちが関わる生業だったわけです。

中嶋　これまで林業界は、「林業者」といえば労働力としか考えていませんでした。「これをやれ」といったらやる、そういう人材がほしかったわけです。橋本さんや岡橋さんのように、自分の頭で考えて動くような人材はいらない。対して自伐型林業は、森を持続可能に経営できるよう考えられる人材を育てる。必ずしも自分が所有するわけではないのが自伐型林業の特徴ですが、いい森を作って、経営はどうしようかと山主と一緒に考えるから、自身の山林の変化や管理状況がわかって山主には評判がいいわけです。

岡橋　今後、自伐型林業を実践する人を増やすには、山の獲得がセットになるでしょうね。

中嶋　そうですね、それには市町村の協力が不可欠です。本来であれば、山林所有者の情報を持っている森林組合が助けてくれるはずなのですが、組合自身が実際にプレイヤー（作業班）を抱えている現状では、将来性のある山林を手放すはずもなく、その期待はできない状況です。

岡橋　都会から田舎に移住する「地域おこし協力隊」の制度を活用する自治体が増えました。募集すると、全国から応募がある。こんなの、今までの林業界ではあらしまへん。

しかし、地域おこし協力隊には課題もあります。卒業してから、みな苦労していますよ。例えば、自伐型林業を先駆的に展開した島根県津和野町は、協力隊の（上限期間である）3年間を卒業しても、さらに次の3年間は地域定住に向けた支援策があるから少し余裕があります。他の自治体で3年で形を作ろうとすると、最後の年には顔つきが変わってくるんです。自身で木材の販路を広げていける人もいれば、逆にうまく行けずに時間を持て余してしまう人もいます。

協力隊を卒業したメンバーたちが助け合っているところもあるし、バラバラになっていくところもあります。せっかく3年で身につけたものをどうにかして続かせてあげたいというのが私の願いです。だから、やはり、山がなくてはと思うのです。

橋本　私もずいぶん「地域おこし協力隊」のみなさんに教えてきましたけど、自伐の技術を習得してもその後の活動が継続できるかというと、山がないと難しい。「緑の雇用」制度もそうです。どうにかならんもんですかね。

中嶋　山の確保は大事です。しかし、役場が地域おこし協力隊のために山を確保しようとしても、できない。たいていは森林組合が広い土地をすでに集約してしまって、森林経営計画を立て、いい木がある場所が取られてしまっています。山の確保ができている地域は、わりとやめないのですが。

やはり、スタイルが森林組合と自伐で違うのが大きいですね。自伐型でやりたくても、森林組合が山を見つけてくれない。だから、自伐の場合は、役場と組んで森林組合の息がかかっていない山を探さなくてはいけない。悪いところしか残っていないけど、そこでやるしかない、という現状です。

経営としては、軌道に乗るまでの資金も必要です。山を確保してから道作り、インフラの整備に必要な支出への補助（補填）がまた必要です。

岡橋　山の確保を本気で考えると、一番いいのは、法律を変えてもらうことですね。

地域おこし協力隊を卒業した人たちの収入がどのくらいかは聞いていませんが、夏の草刈りは良い日当のようです。神社周辺の高所伐採などの特殊伐採系はお金がいいからと、半数は習いに行っていますね。

そういう状況ですので、自伐協としてはこの動きを否定してはいけないと思います。あとは、森林組合の下請け仕事。いろいろ課題はありますが、森林組合との付き合い方は大事です。

自伐型林業は森林所有者の利益にもなる

橋本　私は今まで、森林組合からいじめられてきて、組合との共存は難しいんじゃないかと思いますが、自伐で頑張っている現場を見ていると、変化が出てきているのも事実のようです。

自伐型林業者も、みんな自立できるようにせなあかんということでしょう。せっかくやる気のある若者が全国から集まってきているのだから、夢や希望を持たせてあげたいですね。

岡橋　そうですね。「自然の中で仕事ができる」、「自分のスタイルにあった仕事ができる」とやってきた若者のためにも、自分で管理できる山を確保させてあげたい。

中嶋　森林組合向けに作られた「森林・山村多面的機能発揮対策交付金」（2025年度から「森林・山村地域活性化進行対策」にモデルチェンジ）は、実は自伐型林業にとって使いやすいものでした。これにかわる自伐型林業者向けの制度を開発しなくてはならないと思います。山がないと、せっかく研修を受けて盛り上がったのに、その芽を潰してしまうことになります。

これからの可能性として、役場や集落と組んで山の確保を行っていく方法を考えたい。例えば、整備してほしいという集落があって、「皆伐はいやだ」と思っている人は多いわけです。

そう考える人たちの山を少しずつ集約していけたらと思う。

丁寧に説明していけば、自伐型林業のほうが山主（森林所有者）にも収入になって将来的にはメリットがあるし、環境にもいいとわかってもらえる。いつの日か社会がひっくり返るのではと期待しています。

岡橋　今後、市場に出る山もたくさんあるでしょう。そこを自伐協が購入して、全国で育った林業家と良い山を守っていけたらいいですね。そのためには資金と、人材育成が必要です。僕も橋本さんももう歳だから、次の世代が育ってほしいですね。橋本さんと僕とで、弟子をどれだけつくれるか競争しましょうか（笑）。

橋本　そうですね。次世代には大いに期待したいです。

※この座談会は2024年に発行された自伐協会報誌第4号『200年の森をつくる』に掲載されたものを再録しました。

第3章

「地方消滅」から「地域再生」へ
自伐型林業に挑戦する自治体の歩み

自伐型林業は、単なる林業の手法ではなく、地域再生の有効な手段としても注目されています。一見すると維持・管理に手間がかかる「〝負〟動産」のように思える山林ですが、実は地域社会に眠る「宝の山」ともいえる存在です。本章では、実際に自伐型林業の導入に取り組んでいる自治体の事例をもとに、政策立案や研修実施の展開のステップについて紹介します。また、自伐型林業を推進する自治体を対象に実施したアンケート調査の結果を通じて、行政の側から見た取り組みの現状と課題についても報告します。

全国に広がりつつある自伐型林業の展開は、地方自治体の存在なしには語れません。自伐型林業推進協会が設立された２０１４年当時、自伐型林業に賛同する国会議員やジャーナリストたちから次のような提案がありました。

「現時点では自伐型林業の実践事例が少なすぎる。まずは自治体が自伐型林業を展開し、成果を上げていけば、将来的には国を動かしていける」

千里の道も一歩から。国に対して政策転換の提言を急ぐより、地方で基盤固めをしようという提案でした。そして、自伐型林業の展開は、自治体との連携から始まっていきました。

自伐型林業の全国展開が始まった時期は、地方自治体にとって厳しい風が吹いていました。それを象徴するのが、２０１４年に発表された「日本創成会議・人口減少問題検討分科会」による「消滅可能性自治体」です。

消滅可能性自治体とは、「子どもを生む年齢層の女性」が２０４０年までに5割以上減少するとされた市区町村で、全国約１８００の市区町村（政令市の行政区を含む）のうちほぼ半数の８９６自治体が「消滅の危機にある」と前触れもなく告げられました。ネットメディアやテレビ、新聞でもトップニュースになりましたが、全国の行政職員にとってはまさに寝耳に水の出来事でした。この試算の根拠は特定の年齢層（20～39歳）の女性の人口の減少割合を算出しただけのものでしたが、「消滅」という刺激的な言葉が一人歩きし、自治体に強いプレッシャーを与える結果となりました。

こうした「お上からのプレッシャー」を背景に生まれた考えが「地方創生」です。２０１４年に「まち・ひと・しごと創生法」が整備され、その目的は「少子高齢化の進展に的確に対応し、人口の減少に歯止めをかけるとともに、東京圏への人口の過度の集中を是正し、それぞれの地域で住みよい環境を確保して、将来にわたって活力ある日本社会を維持していく」とあります。

「自伐林家の郷」構想で移住者を増やした鳥取県智頭町

全国の「消滅可能性自治体」が早急な対応を迫られるなか、「自伐」を施策に取り入れた自治体がいくつかありました。

その一つが人口6191人（2024年8月現在）の鳥取県智頭町です。多くの自治体が「人口減少をいかに食い止めるか」という方策に力を入れる中、智頭町は「人口減少は避けられない」という現実を受け入れたうえで、「いかに安心して暮らせるか」を課題対策の中心に据えました。沈みゆく船を必死に漕ぎ続けるよりも、ゆっくりでも前進できる小舟に乗り換えよう。そのような発想の切り替えでした。

具体的な政策として掲げたのが、「自伐林家の郷」構想です。町内面積の約93％を占める森林を活用し、林業の担い手を育成し、過疎地に新たな仕事を創り出し、不便な田舎であっても安心して暮らせる町をつくりたい。智頭町はもともと林業の業界では銘木の産地として知られていましたが、この小さな町でも都市化の波を受けて住民の暮らしや産業の形が大きく変わっていました。この変化に対し、町の特性を活かしつつ自伐型林業を広げることで、新たな可能性を切り開こうとするアイデアでした。

海外滞在から地元に帰ってきた大谷訓大さん（第４章参照）を中心に、林業技術を習得するための研修が開かれました。研修を続けているうちに、参加していた若手らが交流を深めていき、２０１５年に「智頭ノ森ノ学ビ舎」という林業家育成グループが発足。「持続可能な林業経営モデルを作って、林業をやりたい人を受け入れたい」という声が高まりました。

自伐型林業は、林業に関連する企業や団体に勤めて月給をもらうサラリーマンではなく、自分で仕事をつくり、山を確保し、その管理を続けていく自立・自営型の働き方です。当時、自伐型林業に取り組む人は日本全国でもまれで、成功事例はほとんどありませんでした。そのため、自分たちの力だけでは限界があり、自治体からのサポートを求める声が自然と上がるよう

写真 3-1　町内面積の 93% を森林が占める鳥取県智頭町

になりました。

この要望に応える形で、智頭町は自伐型林業の普及に向けた本格的な施策を打ち出しました。自伐型林業に取り組みたい人たちの多くは、町外からの参加者です。町は新たな住民を受け入れるための仕組みを整え、町が管理する町有林を、新規の林業者に無償で貸与するという画期的な施策を打ち出しました。新たな挑戦に向け、大きな一歩が進んだ瞬間でした。

人口減少対策から防災まで対応する

ここで、自伐型林業推進協会が自伐型林業を政策に取り入れた経験のある自治体を対象に、２０２４年に実施したアンケート調査を

写真 3-2 智頭町で林業参入した「智頭ノ森ノ学ビ舎」の若者たち

表3-1 自伐型林業を導入した理由

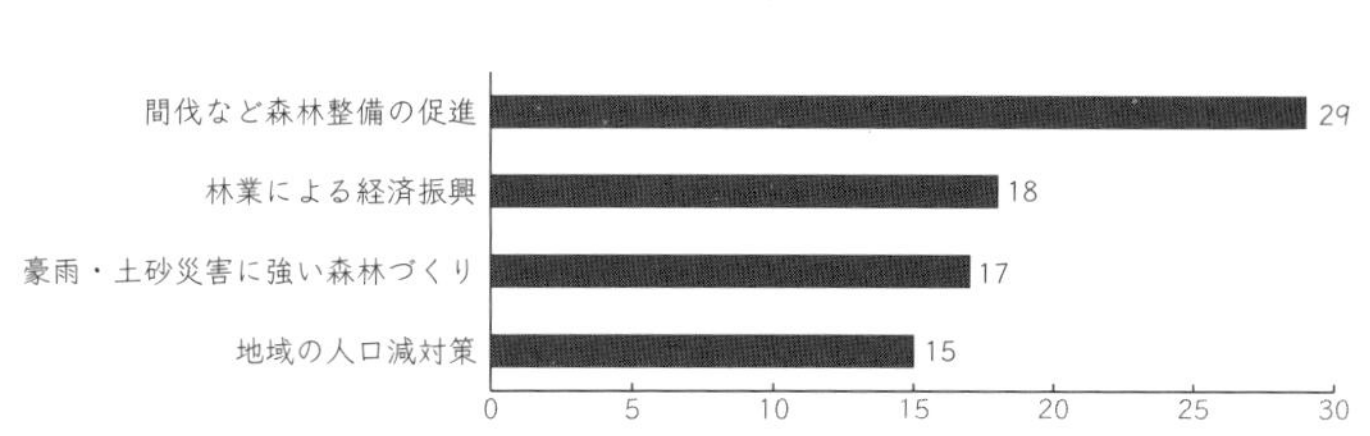

※自伐型林業推進協会が実施したアンケートから作成（有効回答数34、複数回答可）

紹介しましょう。

智頭町のように、これまで自伐型林業を推進してきた自治体は全国で約70あります。それぞれの自治体は、どんな期待を持っていたのでしょうか。

「自伐型林業の導入によって期待していること」については、「間伐など森林整備の促進」（85・3％）を多くの自治体が挙げた一方、「林業による経済振興」（52・9％）や「地域の人口減対策」（44・1％）といった地方創生に関連する回答も目立ちました。第２章でも触れた「豪雨・土砂災害に強い森林の整備」への期待も半数の自治体から寄せられています。

導入した目的は多岐にわたり、「兼業可能な新たな生業づくり」（岩手県宮古市）や「木質バイオマスエネルギー活用の推進」（宮城県気仙沼市）、「防災・減災に効果的であることへの期待」（熊本県山江村）など、防災、獣害対策、エネルギー活用、移住支援などの多様な課題に応える仕組みとして期待されていることがわかります。

自治体職員も林業　群馬県みなかみ町

群馬県みなかみ町も自伐型林業を推進してきた自治体の一つです。みなかみ町は2017年にユネスコエコパーク（生物圏保存地域）に登録されたほど豊かな自然環境を有する一方で、少子高齢化や未活用の山林の増加といった課題に直面していました。「消滅可能性自治体」のリストにも挙がったみなかみ町は、「地域住民自らが主体的に山林整備に携わることができる仕組み」として2016年に自伐型林業を導入しました。都市部からのアクセスが良いので、観光やレジャーと自伐型林業を組み合わせた仕事が生まれています。

写真 3-3　町の総面積の 9 割が森林の群馬県みなかみ町

自伐型林業への展開を始めると、新規参入者が次々と増えていきました。２０１９年には新規の自伐型林業組織が９グループになり、それらの団体が集まって自伐型林業の地域展開を目指す「みなかみ町森林活用協議会」を設立しました。観光業や木材加工業を組み合わせるような兼業型の林業者が増え、２０２３年現在で15の団体・約１３０人が参加しています。

ユニークなのは、自治体職員も自伐型林業を実践するようになったことです。「自分が持っている山林があるから」と気軽に参入した職員もいれば、研修を受けるうちに「やってみたら面白そう」とその気になった職員もいました。役場でのデスクワークから一転、チェーンソーを手に持って森で汗を流す姿は、普段の公務員像を覆すものです。現場を知ったからこそ、住民からの相談にも具体的なアドバイスができて、説得力が増すようになりました。

さらに、みなかみ町は森林管理の基本方針である「森林整備計画」に自伐型林業の推進を明記し、国の補助事業「森林・山村多面的機能発揮対策金」を重ねた支援策を用意するなど、新規参入者受け入れの準備を整えました。

地域おこし協力隊を活用した奈良県下北山村

「移住・定住支援の一環」として自伐型林業を政策に取り入れたのは、人口わずか７９７人

（２０２４年11月現在）の奈良県下北山村です。役場の職員に「村の産業は何ですか？」と聞くと、「産業はありません」と担当者が苦笑いを浮かべるような小さな自治体で、もちろん「消滅可能性自治体」にも含まれています。

一方で、村内には１万２３６７ヘクタールの山林があります。一般的に、自伐型林業に参入する人々は、地元住民だけではなく、よそから移住する人がたくさんいます。そこで、智頭町やみなかみ町などが活用しているのが、総務省の「地域おこし協力隊」の制度です。同制度は、都市地域から過疎が進んでいる条件不利地域への移住と定着を目指す取り組みで、移り住んだ「隊員」は自治体から委嘱を受け、住民への支援や地域ブランド品の開発などに取り組んでいます。アンケートの対象となった自治体の半数

写真 3-4　自伐型林業展開の原動力となった「リンカーズ」の初期メンバーは自治体の職員

表 3-2 自伐型林業を導入する際に活用した国の制度

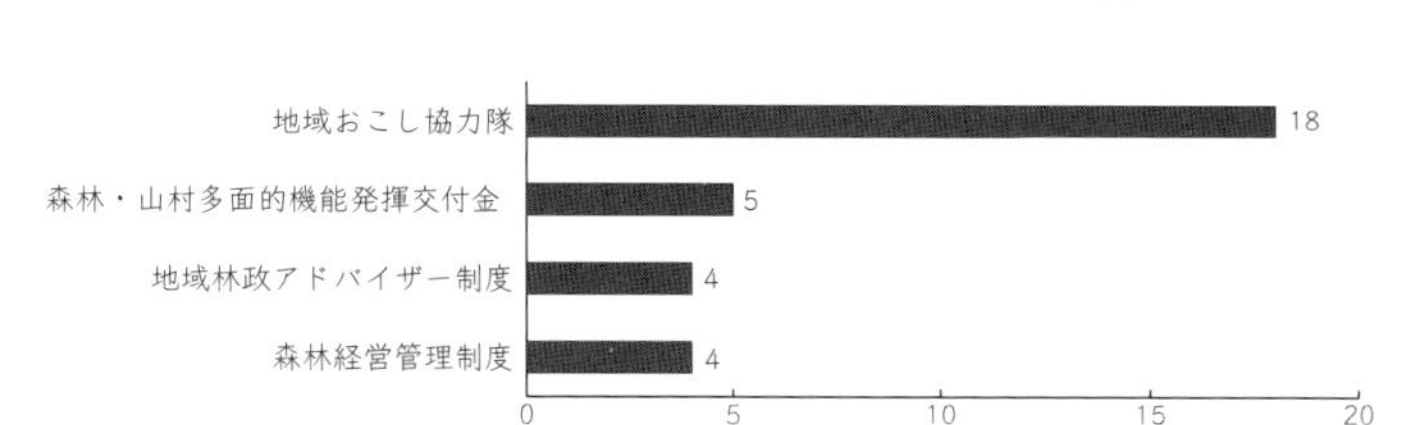

※自伐型林業推進協会が実施したアンケートから作成（有効回答数 34、複数回答可）

以上（52・9％）が同制度を活用しており、自伐型林業の参入者を増やしたいときに組み合わせる制度として活用されています。

下北山村も地域おこし協力隊制度を活用し、２０１７年から隊員の受け入れを始めました。その結果、自伐型林業をきっかけに8名の移住者が村人になりました。

地域おこし協力隊の任期は最長3年。その期間は一定の生活費が確保できるので、林業の技術をじっくりと学ぶことができ、地元のネットワークを築く準備期間としても使えます。自治体にとっても、この3年間は隊員が自伐型林業で独立できる環境を整えるための大切な期間となります。

取り組みに関わってきた下北山村の職員はこう振り返ります。

「行政からの支援は大切ですが、隊員に林業技術者として何を身につけてほしいのか、地域の中の人としてどう活動してほしいのかを明確にするのが大変でした。議会や村民の方への理解を得ていく作業にも苦労しました。人材育成は一朝一夕には成り立ちません。林業を働きがいのある職業や生業にしていかなければならないし、それには森林をどう扱うかという村のビジョンが大事です」

こうした下北山村の取り組みは、地域資源を活用した人材育成と移住促進が一体となった、新しい形の地方創生の可能性を示しています。

実際の展開事例　和歌山県紀美野町

自伐型林業を始める自治体が、どこから着手しているかについて、2022年から展開を始めた和歌山県紀美野町の取り組みを見てみましょう。

紀美野町は人口約7800人（2024年4月現在の推計）が住む山間地の小さな町です。大阪からのアクセスが良く、観光客を相手に起業する人が多い地域です。農業も盛んで、みかんや柿、山椒などの農作物が特産品として知られています。ただ、林業に関してはさっぱりで、自身で山を管理する林業者は町内でたった一人。町の面積の約75％を占める森林資源が全く活かされていませんでした。

当時、和歌山県内に自伐型林業に取り組んでいる自治体はありませんでした。そのため、自

伐型林業推進協会と共同で中長期的な展開計画を立て、3～5年をかけて普及を進めることになりました。（巻末の資料写真参照）

自伐型林業は、これまで国や県が進めてきた全国一律の林業とは異なり、地域ごとの特徴を踏まえたアレンジが必要です。例えば、地質や地形、育っている樹種といった条件は地域によって異なります。そのため、導入の方法も場所ごとに工夫が求められます。

そこで、1年目を「検討・導入期」と位置づけ、紀美野町で自伐型林業が展開できる可能性を調査することにしました。

和歌山県内で初の試みですので、自伐型林業を知らない人が大勢いました。そこで、自伐型林業を広く知ってもらうための「自伐型林業フォーラム」を開催しました。どれくらいの人が集まるのかと、関係者はみんな不安に思っていましたが、当日の会場には150人ほどの参加者が訪れました。

フォーラムの冒頭では小川裕康町長が挨拶に立ち、「豊かな森林資源を活用するためには、林業に携わる人を増やしていかなければならない」と話し、「自伐型林業に取り組む」と宣言しました。

フォーラム参加者の半数程度は紀美野町の在住者で、残りの4割が同町以外の和歌山県内在住者でした。来場者のアンケート（回答者72人）によると、「今後、自伐型林業に関わっていきたいか」の質問には、およそ9割が「関わっていきたい」と回答しました。関わり方としては「自分の得意な分野を活用して普及したい」との声が多く、自伐型林業を「自ら実施したい・している」が続きました。

フォーラム参加の動機は「自伐型林業に関心があったから」が最も多く、「森や山での活動に興味・関心があった」「山林を所有しているから」という森林所有者からの回答が4割を占めました。「山林を提供したい」との人もいて、自伐型林業者の新たなフィールドを確保する可能性につながりました。

フォーラムは「検討・導入期」にあたる1年目の2023年に開催しましたが、2年目以降は町民をさらに巻き込むことに力をいれました。今後は、地域おこし協力隊の制度などを活用しながら、町内への移住者を新規林業者として育成し、自伐型林業を展開する森林や機材の確保を進めていく計画です。

本気の林業展開検討者は20人超、4人の移住者が活動中

林業従事者として自伐型林業に関心のある人は、将来の「担い手」の候補になります。その人たち向けに自伐型林業推進協会が用意しているのが「体験研修」です。

林業といえばチェーンソーを取り扱う伐採業と捉えられがちですが、自伐型林業は自ら木を「伐採」し、山から木を下ろして「搬出」し、「販売」までのすべてを自分自身で実施します。山の中に車両が入れるようにするための「作業道づくり」も外注せず、自ら敷設できるようにならなければなりません。それらの手法を一通り体験できるのが、この「体験研修」になります。

２０２４年に紀美野町で開かれた体験研修には、15人の受講生が参加しました。前年の参加者と合わせてすでに31人が自伐型林業を学んでいます。その後、本気で自伐型林業を実践したいという希望者には、少人数による「施業研修」を準備しました。現在のところ、担い手として意欲のある研修参加者は20人を超え、移住した地域おこし協力隊の隊員は４人になり、町内山林での施業をスタートさせています（２０２３年度と２０２４年度に２人ずつ着任）。初年度に着任した地域おこし協力隊の２人は、作業道を造り、間伐材を市場に出荷することも始めました。

今後の展開について、当初の予定どおり10人の担い手の育成を目標に進めています。紀美野町は、先ほど紹介した智頭町など自伐型林業にいち早く取り組んだ先進自治体の視察を重ねており、今後どのような支援制度を整備すればいいのか、山林確保の仕組みをどのように設計するかを検討しています。

表 3-3 計画策定までの流れ

①資源調査	森林資源の現状（所有形態、樹種、樹齢、面積等）や林業の生産状況や災害発生状況を調査
↓	
②需要調査	生産した木材の売り先となる市場や製材所の状況の把握や木材の熱利用可能施設を調査
↓	
③実地調査	資源調査をふまえ、森林の現地調査や関係者などにヒアリング。持続可能な林業の可能性を調査
↓	
④計画策定	①〜③をふまえ、持続可能な林業施業を目的とした計画を策定する

自伐型林業導入の４つのステップ

これまで述べてきたとおり、自伐型林業を地域の中で広めるには数年単位の計画を立案することが不可欠です。智頭町やみなかみ町などが手探りで作ってきた自治体による支援の手法は、試行錯誤を重ねて、今では自伐型林業導入の基本的な流れとして確立されつつあります。

それは、大きく分けて「４つのステップ」として展開されていきます。少し専門的な用語も含まれますが、必要な手順を理解していただくために、具体的に説明していきたいと思います。

（１）現地調査と計画の策定

自伐型林業は、全国どの地域でも個人で始められますが、山の確保や道具の購入など、仕事をするための環境整備に初期投資（資金と労働力）が必要です。地域によって土質や文化、歴史は異なるため、現地の状況を調べ、自伐型林業導入までの計画を作る必要もあります。

その地域の森林にどのような樹木があるか、これまでの林業の施業状況はどんなものだったか、森林所有者の特徴、自治体が定めた林業に関係するこれまでの政策などを整理します。そのうえで実際に森林をくまなく見て回り、自伐型林業が実施できる可能性のある地域を特定していきます。

ここで壁にぶつかる地域も少なくありません。アンケートでは「自伐に適した山がない」（山口県阿武町）、「森林施業を行う山林の確保が難しい」（滋賀県長浜市）、「森林経営に適しているほとんどの森林が、地元森林組合の計画範囲内であり、自伐型林業を行う余地が少ない」（富山県立山町）、「本市の国土調査の進捗が芳しくなく、紹介できる山林が少ない」（高知県宿毛市）など、山林の確保に苦労している自治体もあります。

新たな自伐型林業の担い手を育てるのは、例えてみれば未開拓の地でサッカー選手を育成するようなものです。チームを作ろうとして選手の頭数をそろえただけでは、プレーはできません。ボールは必須ですし、グラウンドやゴールも必要です。森林が少ない地域で自伐型林業を実践するのは難しいという判断もありえますので、状況を精査することが大切です。

（2）住民への広報と周知

林業は地域住民の協力や信頼関係の構築なしには成り立たない仕事です。特に自伐型林業は、新しいスタイルの林業なので、地域住民の理解が欠かせません。また、意欲のある林業の担い手候補者を集めるためには、自伐型林業を広く知ってもらうための周知活動も必要です。

広報・周知活動の代表例は、紀美野町で開催したフォーラムやシンポジウムです。２０２３年度に自伐型林業推進協会が自治体とともに開催したフォーラムは計5回（5カ所）で、累計の参加者数は約６３０人でした（※）。茨城県日立市でのフォーラムでは、アンケート回答者（54人）のうち実際に自伐型林業を体験してみたいと答えた人が約６割（34人）にのぼり、約4割（23人）は「自伐型林業を自ら実施したい」という新規参入希望者でした。また、約２００人の来場者のうち3分の1の人が森林を所有していました。林業に関係する人たちに早い段階で自伐型林業について理解してもらうことは、その後のスムーズな展開のために欠かせません。

※茨城県日立市200人、岩手県一関市120人、兵庫県朝来市130人、奈良県奈良市100人、熊本県南小国町80人

表 3-4 人材育成・モデル林整備の流れ

人材育成①
フォーラム

森林所有者や地域住民に、持続可能な林業の意義、地域経済への効果、防災効果などを伝え、自伐型林業推進に向けた機運を高める

人材育成②
体験学習（初心者向け）

自伐型林業の実践者を講師に迎え、林業の基本的な技術（①チェーンソー②伐倒③造材④作業道）を習得。参加人数は15名程度

人材育成③
施業研修（中級・上級者向け）

実践形式の技術習得。実際に施業している森林で技術講習を開催し、本格的参入を前提とした経営相談も実施。参加人数は5名程度

モデル林整備

（3）自伐型林業実践者の人材育成

自伐型林業を始めようとする人は、これまで林業とは無縁の暮らしを送ってきた人たちがほとんどです。そういった人たちのために自伐型林業を体験する機会を設けました。

体験研修では、実際に自伐型林業に取り組んでいるベテランの林業家に講師を務めてもらい、自伐型林業の技術に触れ合う機会を作ります。

基本的なプログラムは、自伐型林業の基本的な考え方の学習、林業に必要なチェーンソーの安全な取り扱いのほか、山林での立ち木の「伐採」、出荷用の丸太に仕立てる「造材」、長伐期・多間伐施業を行う森林を作るために必須の「道造り」などで構成されます。

これらは、技術の習得だけが目的ではありません。体験研修を通じて、自伐型林業がなぜ今の日本の林業に必要なのかを学び、将来的には地域の山を守ってい

くような人材になってもらうことを目的としています。日本の中山間地域には、地域に根ざして森林を守り育てる人の意味で「山守（やまもり）」や「山番（やまばん）」という言葉が残っていますが、現代版の山守・山番を育成していくイメージで研修を実施します。

体験研修を経て、自伐型林業を実践したい人の顔が見え始めると、本格的な施業研修の準備をします。施業研修の現場では、講師の指導のもと、壊れない作業道を敷設することで、間伐も搬出もしやすい自伐型林業のモデル林を参加者とともに作っていきます。

（4）自伐型林業者を支援する仕組み作り

自伐型林業の新規参入者のハードルとなるものには、技術の習得のほかに、森林や機材を購入するための予算の確保があります。

自伐型林業者は、自身が所有する森林ではなく、他人が所有する森林で、所有者と施業方針を確認しあいながら管理を任されるパターンがほとんどです。

また、良質な樹木を将来のために残し、樹木の成長量を超えない間伐をするため、初期の施業は基盤整備（成長の悪い劣勢木の伐採や作業道敷設）が中心となります。この段階では伐採した木材の販売収入だけで経営を成り立たせることは難しく、公的な資金による支援が求められます。

ただ、現在の日本で実施されている林業は、高性能林業機械の購入、幅の広い作業道の整備、皆伐などです。それらを行っている林業者は国や地方自治体から手厚い支援を受けていますが、自伐型林業者にはそういった支援はほとんど存在しないのが実情です。そのため、自伐型林業者を育成するには、自治体が独自で資金を準備するケースがほとんどです。

自治体アンケートでは、自伐型林業者への支援制度を準備しているのは約47％でした。内容は作業道造りと、間伐率２割以下の伐採への補助が中心です。兵庫県養父市は、自伐型林業に必要な幅員２・５メートル以下の作業道敷設に１メートル当たり２０００円を準備し、15％までの弱度の間伐にも１ヘクタール当たり42万円を補助しています。

例えば、新規参入者が１年間に１０００メートルの道づくりと２ヘクタールの間伐をした場合、２８４万円の補助が受けられ、これに間伐した木材の売上が加算されます。支出は機械レンタルや燃料費が中心です。この支出をできるだけ抑えられるように、機械レンタルの一部を補填するメニューを用意しています（小型バックホウのレンタル費および回送費の２分の１を補助）。養父市では、これらの制度を活用する新規林業者は現在８人に増え、さらに地域おこし協力隊の受け入れも続けています。

他の自治体では、機械の購入補助（岩手県宮古市など）、講師派遣のための費用負担（高知県など）、木材の運搬費用の負担軽減（兵庫県朝来市）、山林集約化の支援（埼玉県秩父市など）、事業計画の代行支援（熊本県芦北町）など、新規参入者の動きに合わせて各地で独自の支援策を講じて、次世代の林業者育成へ工夫を凝らしています。

200年先を考えた森林経営を支える

自伐型林業は地域再生の手段の一つです。それはまた、仕事作り、仲間作りの手段でもあります。地域に眠る山林の価値に人々が気づき、次の一歩を踏み出せば、地域社会は大きく変わります。その動きに寄り添った自治体の支援は大切です。

東北を中心に全国の村々を歩く民俗研究家の結城登美雄さんは、「よい地域をつくるための『7つの条件』」を次のようにあげています。

①よい仕事の場をつくること。
②よい居住環境を整えること。
③よい文化をつくり共有すること。
④よい学びの場をつくること。
⑤よい仲間がいること。

⑥よい自然と風土を大切にすること。
⑦よい行政があること。

仕事も住まいも環境もバランス良く整っている地域を作るには、地域住民と行政の力が欠かせません。放置された森林に希望を見出し、自伐型林業に取り組むときは、数年先ではなく、200年、300年先にある「よい地域」を思い描きたいものです。

では、実際に自伐型林業に取り組み始めた人たちは、何を考えているのでしょうか。次の章では、自伐型林業の実践を全国に先んじて始めた林業者たちに語ってもらいます。

知っておくと便利！　自伐型林業導入に活用できる公的制度

自治体が自伐型林業に取り組もうとしたとき、どのような財源を使っているのでしょうか。和歌山県紀美野町は、自伐型林業の展開の財源に「森林環境譲与税」を、実践する移住者を迎え入れるために「地域おこし協力隊」をと、2つの制度を活用しました。

2024年度から本格的にスタートした「森林環境税」は、住民税に上乗せする形で1人当たり年額1000円を国税として市町村が徴収するものです。年間約620億円の税収が見込まれ、それを国が「森林環境譲与税」として自治体に分配します。

すでに2019年度から同税は森林整備の財源として市町村と都道府県に譲与され、活用が始まっています。各市町村とも担当職員の確保に苦労していますが、同税は林業振興に活用できる新しい財源であり、林業の担い手不足の解消に取り組む絶好の資金となっています。

現在のところ、国は自伐型林業の展開のための予算を組んでおらず、紀美野町の場合は和歌山県からの予算もありません。そのため、町が独自に自伐型林業者を育成するための制度の新設が必要となっていて、森林環境譲与税はその財源の一つとなっています。

第3章で紹介した自治体向けアンケートの回答を見ても、森林環境譲与税は全体の約67％（23自治体）が自伐型林業の展開に活用していました。その内容は「作業道開設」「間伐補助」「機械のレンタル補助」など多岐にわたります。

そのほかでは、どのような制度が活用されているのでしょうか。全国の自治体の現在の取り組みについて紹介しましょう。

▼自伐型林業の展開準備（山林調査など）
・「地域力創造アドバイザー事業」（総務省）
活用自治体　茨城県日立市、兵庫県豊岡市、熊本県南小国町等など
地域独自の魅力や価値を向上させるための取り組みに必要な費用が対象となる事業。外部専門家（地域力創造アドバイザー）として登録されている自伐型林業推進協会の講師・会員を招へいし、自伐型林業が展開できる地域かどうかを調べ、戦略を立案することができます。

▼山林の情報収集およびその確保
・「森林経営管理制度」を自伐型林業展開に活用（林野庁）
活用自治体　岩手県宮古市、熊本県芦北町など
森林経営管理制度は、手入れの行き届いていない森林を自治体が管理するための制度。山林所有者向けに実施する意向調査では、自伐型林業の展開を視野に入れたアンケートを作成し、

返ってきた回答データを地図などに書き入れ、新規の林業者が活動しやすいように集約することができます。

▼自伐型林業の研修の開催や資機材の購入支援

・「林業の多様な担い手の育成」事業（林野庁）

林野庁の「林業・木材産業循環成長対策交付金の事業メニュー」の一つで、自伐型林業などの推進のために必要な研修および資機材の整備などに活用できます。資機材には林内作業車も含まれます。

▼間伐率の低い整備や道造りへの補助支援

・「美しい森林づくり基盤整備交付金」（林野庁）

国からの直接交付金で、従来は市町村が実施してきた支援制度について、この交付金を活用することで負担の軽減と事業量の増加を図ることができます。2割以下の間伐や、幅2ｍ程度の作業道の開設なども対象となります。市町村が「特定間伐等促進計画」を策定し、林業主体として自伐型林業者を位置づけるなど自伐型林業の支援を明確にしていることが前提となります。

▼行政支援・制度設計の人件費

・「地域林政アドバイザー制度」（林野庁）

活用自治体　奈良県下北山村、鳥取県智頭町など

市町村や都道府県が、森林・林業に関して知識や経験を有する者を雇用（または技術者が所属する法人などに事務を委託）し、市町村の森林・林業行政の体制を強化できます。自伐協の会員らを活用し、役場の自伐型林業担当窓口のサポートもできます。

▼自伐型林業の展開全体への支援

・「デジタル田園都市国家構想交付金（地方創生推進タイプ）」（内閣府）

活用自治体　岩手県一関市、群馬県みなかみ町、高知県佐川町等

鳥取県智頭町の事例で取り上げた「総合戦略」に位置づけられた地方自治体の取り組みを支援する国の事業。最長5年の先駆的な事業に対して、国が事業総額の2分の1を補助する。2016年に「地方創生推進交付金」として設置されたもの。

▼自伐型林業実践者・グループの予算確保

・「森林・山村多面的機能対策交付金」（林野庁）
地域住民による森林の保全管理活動などの取り組みを予算面から支援する制度。申請の主体は自治体ではなく、自伐型林業を始めたグループです。機械の補助など、新規参入の林業者が必要とする費用の負担を軽減できるほか、道づくりの補助金額を、この交付金と組み合わせて上乗せもできます。２０２５年度から「森林・山村地域活性化振興対策」に変更。

現段階では数少ない自伐型林業の展開のための予算作りになりますが、今後はさらにメニューが増えてくるかもしれません。自伐型林業に取り組む人たちが増え、それぞれが過疎の山村でも充実した暮らしを送れるようなモデルが生まれると、国や都道府県も自伐型林業に対する支援がしやすくなるに違いありません。

自伐型林業で敷設する作業道は、数十年、数百年先も使い続けられるものを目指しています。街作りに例えるなら、人間が住んで経済活動をする場所には、電気、水道、ガス、道路などのインフラ施設が欠かせません。林業における作業道とは、街の中にあるインフラのようなもので、だからこそすぐに壊れたり、修繕に高い費用がかかったりするようなものは、逆に周辺の環境を破壊し、将来世代への負債になります。作業道づくりは「コスト」ではなく、将来世代への「投資」と考え、長期的な視点で財源の使い方をすることが大切です。

第4章

若者たちはなぜ、自伐型林業を目指すのか

若手林業者座談会

100年後、200年後にどんな森を残すのか。地域のために自分たちは何ができるのか。そのようなことを日々考えている自伐型林業の実践者たちが全国的なネットワークでつながり、日々研鑽を続けています。そこで本章では、鳥取県智頭町の大谷訓大さん、高知県佐川町の滝川景伍さん、岩手県釜石市の三木真冴さん、福井県福井市の宮田香司さんの4人の自伐型林業者に集まってもらい、林業の楽しさや奥深さから、新規参入者としての悩みまで、思う存分に「私の生きる道」を語ってもらいました。

大谷　僕は今から16年前、27歳の頃に鳥取県智頭町で自伐型林業を始めました。当時は自伐型林業推進協会が設立される前で、「自伐林家」という言葉も知りませんでした。なんとなく「自分の家にある田んぼと山で飯を食っていきたいなあ」ぐらいの気持ちで林業を始めた、というのがホントのところです。

そのときはまだ若かったので、300万円ぐらい銀行から借りて、「車1台分ぐらいの借金、なんとかなるやろ」と思い、平気でしたね。若さゆえの無敵感もあったと思います。

それが、数年経った頃に壁にぶつかりました。というのも、自分の家の裏山に自己流で林業用の作業道を付けていたのですが、その道は雨が降るとすぐに崩壊するようになってしまったのです。

自己流の作業道づくりが大失敗

――智頭町の山は花崗岩が風化してできた砂状の「まさ土」なので、雨が降ったときは土砂災害が発生しやすいですよね。

大谷　そうなんです。ただ、今になって考えると、作業道を付ける前の段階に問題がありました。作業道を造る前には、どこに道を付けるかを仮決めする「路線」の選定が重要なのですが、山の形状や土壌の性質をちゃんと考えていなかった。それで、時間が経つと崩れるようになってしまったのです。

宮田　その話、すごくわかります。僕も、９年前に林業を始めたときに自己流で作業道を造ったのですが、今年になって修繕しました。路線が悪いんです。「道の入れ方が下手くそやなぁ」と思いながら、作業していました。

大谷　当時は、なぜ作業道が崩れていくのかの理由がわからなくて、困っていました。その頃に、自伐協の中嶋健造さんと出会いました。

大谷訓大（おおたに・くにひろ）
1982年生まれ。鳥取県智頭町で、自伐型林業を行う株式会社「皐月屋」の代表。「100年後に残せる森」を心がけて、丁寧な山仕事を志す。20代はヒップホップに陶酔し、渡米。帰国後は「レペゼン智頭」の精神で地元を盛り上げる活動を続けている

すると、日本を代表する林業地である奈良県の吉野町に、崩れない作業道を作る達人がいると。それで実際に吉野へ山を見に行ったんですよね。

そのときの衝撃は今でも忘れられないのですが、山を見ながらポカーンとしてしまいました。とんでもない急斜面を2トントラックがどんどん上がっていくし、そこに育っている木は見たことのないような大径木ばかりで、森づくりに「美学」があった。

ショックは大きかったのですが、一方でこのときに自分の中で「こんな山を作りたい」という目標が見えた気がしました。それで、吉野の道づくりの達人である岡橋清隆さんや野村正夫さんから指導を受けるようになりました。

宮田　僕は徳島県の橋本光治さんに、道づくりも含めた自伐型林業についての指導を受けました。初めて橋本さんに会ったのは2015年の2月です。高知県四万十市で作業道の研修があって、そこで橋本さんが指導していたのですが、20代の女性が重機を操って林業していたんですよ。びっくりしました。

宮田香司（みやた・こうじ）
1971年、神戸市生まれ。一般社団法人ふくい美山きときとき隊代表理事。2019年、ふくい自伐型林業協会を立ち上げ、2023年、自伐型林業大学校を開校。高校卒業後、父の故郷である福井県に単身移住し、さまざまな業種経験を経て、農業・林業に参入した。「自伐型林業が面白い！」を提唱し、移住者を受け入れ、地域を活性化させている

橋本さんの指導もすごく良かった。先ほど、初心者のときに自分で付けた作業道を今年になって修繕したという話をしましたが、橋本さんの指導を受けて付けた道は今でも丈夫です。

豪雨にも耐えられる作業道が地域を助ける

２０２３年７月に福井県を襲った豪雨で、僕の住んでいる地域の作業道はほぼ全滅しました。でも、僕らが管理している作業道だけは無傷。他の林業者はみんな災害後に補助金をもらって道を修理していましたが、僕らにはその必要はありませんでした。むしろ、災害後は地域の人から災害復旧の作業を頼まれて、その仕事が忙しかったです。重機を使える人材は、被災したあとに必要なんですよね。これも、自分たちが管理している山の作業道が崩れていなかったからできたことです。

大谷　智頭町では２０１８年の豪雨災害で、町内の林道の約８割が崩壊しました。それでも、岡橋さんと野村さんの指導を受けて付けた作業道が崩れることはありませんでした。雨が上がったあとに、ちょこっと手直ししたぐらいでしたね。

最初に自分で付けた作業道は、路線が悪いところで道が崩れてしまっていて、もう自然の山に戻すしかなかった。次の大雨のときに崩れないように補強するだけで精いっぱい。悪い路線の作業道を修繕することは、何もない山に作業道を付けるのに比べて倍ぐらいの労力がいる感じでした。

東日本大震災の復興支援から自伐型林業に

三木　僕は2012年に岩手県に移住して、2016年まで東日本大震災の復興支援をするNPO団体で働いていました。それで、業務契約が終わったあとも被災地に残ろうと思っていました。

林業を始めたのは、釜石市の森林組合が開催していた林業スクールに参加したことがきっかけでした。でも、林業って知れば知るほど、補助金がなければ経営が成り立たない構造になっていることがわかってきました。

さらに2016年8月、岩手県で気象庁の観測開始以来一度もなかった台風の上陸があり、僕が住んでいる釜石市も被害を受けました。市内の山で土砂崩れが大量に発生して交通網が遮断され、孤立してしまった集落もありました。

山からの土砂と流木が橋梁(きょうりょう)に詰まったことで、浸水被害が発生した場所をよく目にしました。復興支援のあとに林業に関わろうと思ったのは、産業支援や生業創出が必要だと考えたことがきっかけですが、山は林業をする場であるだけでなく、下流の住民の安全、農業・漁業など暮らしのベースになっている場であると感じました。そして、経済だけではなく環境と両立できる林業を模索する中で、自伐型林業と出会いました。

——東日本大震災の復興支援から自伐型林業の道に入ったというのは、ちょっと変わった経歴ですね。

三木　もともと、東日本大震災の被災地支援の一環で、中嶋健造さんを中心に自伐型林業の普及が始まっていました。その中で、東北に自伐型林業者をつなげるネットワーク組織が必要という話になり、２０１６年に「東北・広域森林マネジメント機構」が発足しました。

発足当初は研修会を開催して人材育成のお手伝いをすることが、私の活動のメインでしたが、「自分でも林業をやらないといけないよな」と思うようになりました。というのも、自伐型林業の仕組みを東北で話すと、「高知や鳥取ではうまくできているかもしれないけど、東北では難しいよ」と言う人が多かったんですよね。「だったら、自分でやるしかないか」と思ったのがきっかけでした。

三木真冴（みき・しんご）
1985 年生まれ、埼玉県出身。 東日本大震災をきっかけに復興支援を行う国際 NGO の職員として岩手県に移住。 2016 年に被災地の自伐型林業の推進を目的とした「東北・広域森林マネジメント機構」を設立し、2020 年に一般社団法人化。現在は代表理事として、各地で行政、企業、住民と協力しながら活動をしている今では、東北・広域森林マネジメント機構は６００ヘクタールの森林を管理しているので、私は各地の自伐型林業者と協力しながら山の整備を続けています。

――当初、東北地方では自伐型林業への理解が得られなかったそうですね。

三木　はい。岩手県は自伐型林業を林業政策の補助金の対象に入れてくれていなかったので、役所との折衝が大変でした。僕が林業をしている山も、大規模な林業事業体の下請けにならなければ補助金がもらえない。東北・広域マネジメント機構は、補助金をもらえる事業主体にはなれないのです。「それはおかしいのじゃないか」と役所の職員や議員さんにも話しているのですが、今でも苦戦しています。

ただ、森林環境譲与税ができたことで、自伐型林業者も補助金を受けやすくはなりました。「ようやくスタートラインに立てるようになってきたかな」と思っています。

滝川　その点で僕が皆さんと大きく違うのは、高知県佐川町の地域おこし協力隊の出身だということだと思います。

滝川景伍（たきがわ・けいご）
1983年生まれ。2014年に東京から高知県佐川町へ移住。地域おこし協力隊を経て、林業家として独立。2022年、高知地域林業ネットワークを立ち上げる。前職である編集者としての経験を活かし、森と人とをつなぐ活動を続けている。現在、橋本光治氏の生涯と橋本山林についての本を執筆中

協力隊の任期は3年なのですが、隊員たちが作業をする山は町が山主に声をかけて率先して集約してくれています。任期中は給料がもらえますし、任期終了後も重機類は町が所有するものをレンタルできます。皆さんのお話を聞いていると、自分は恵まれすぎていて申し訳ない気持ちになるのですが……。その分、道づくりの技術力を上げなければというプレッシャーはありました。

ただ、私が自伐型林業を始めてから10年が経ったのですが、自伐型林業で生活していくということの難しさに、今さらながらぶつかっています。

継続を重視する自伐型林業の難しさ

宮田　どんなところが難しいのですか?

滝川　「継続」ですね。自伐型林業は、今の10年だけではなく、１００年、１５０年続けられる林業を目指しているわけです。

でも、それって人間にとっては長すぎる時間ですよね。人生の短さと、森が生きる長さに違いがありすぎる。だから、続けていくことが難しい。

森を育てるために、間伐するときは全体の2割までしか伐採しない。今の日本では3割以上伐採するのが通常ですが、それをやると森を痛めてしまうからできないのです。

木材生産の効率だけを考えれば別のやり方もあります。だけどそれをやらないのは、森の中の環境を守り、次の世代に良い山を残すためです。そのゴールはとても理想的なのですが、距離が長すぎるがゆえに、そこに行き着くまでに体力がもたなくなって、林業を離れる人が出てきています。

智頭町の大谷さんの山を見せてもらったときに、樹齢100年前後のヒノキがありました。そのような木ができる山になるところまでたどり着けたら「補助金がなくても林業で生活ができる」という気がするのですが、それまでどうすればいいかという難しさを感じながら、日々暮らしているという状況です。

なので、僕からお聞きしたいのは、皆さんはどのような林業経営をしているのでしょうかということです。

大谷　僕が代表取締役を務める皐月屋では、昨年に伐採して市場に出した原木は約800立方メートルでした。そのほか、冬場に森林組合の下請けの仕事もあったので、結果的に約1000立方メートルになりました。
作業道の敷設は2500メートルです。それに1メートル当たり1800～2000円の補助金が出ています。

２０２３年の決算では、２１４０万円の売り上げで、会社の純利益は１３２万５０００円。借り入れの返済があと３～４年ぐらいあるので、まだ債務のほうが多いという状況ですが、新型コロナウィルスの感染拡大があった２０２０年に５００万円の赤字が出た以外は、黒字の経営を続けています。社員を１人雇っているほかに、期間限定で仕事を手伝ってくれている人もいます。

基本的には森林を管理させてもらうための契約を山主と結んで、良い木は残しながら間伐しています。山主には、木材の売上の２割を還元しています。鳥取県の場合、木材１立方メートル当たりで３６００円の補助金が出るので、これも大きいですね。それでも、毎年が勝負という感じです。

三木　僕は１人当たりで２００立方メートルぐらいを生産しています。全体に占める原木の売上の割合は３分の１ぐらい。原木の販売だけで生活するのは厳しいので、作業道敷設の補助金と間伐の補助金で生計を立てているという感じです。

あと、東北・広域森林マネジメント機構では、助成金の獲得や新規参入者向けの自治体からの委託事業の収入があるので、それで経営を成り立たせています。

同機構で管理しているのは基本的には山主から管理を任されている山なので、山主と長く良い関係性を保つことを大事にしています。山主には、山をずっと所有し続けてほしいと思っています。

結局、山主にとって山は、売りに出せるような木材がなくても固定資産税がかかるし、相続税の対象にもなるので、持ち続けるモチベーションがあまり高くないんですよね。自伐型林業に限らず、林業は山主がいないと成り立たないので、そういった人にもモチベーションを上げていただき、なるべく山を持ち続けてほしいと思っています。

「作業道」というインフラ整備の段階で売り上げを求めない

滝川　ありがとうございます。宮田さんのところに研修に来たあとに自伐型林業者として独立した人で、原木を売って生計を立てている人はいますか？

宮田　自伐型林業は長期的な視点で持続可能な経営を目指しますから、参入してまだ何年も経っていない基盤整備の段階では、原木販売の売上だけで経営を成り立たせるのは難しいですね。むしろ僕は、「最初の段階では原木を売るな」と言っています。

原木を伐採して売ったら、もちろん収入にはなりますよ。特に、僕の地域の山で育っている木はわりと大きさがあるので、一定の収入が得られます。ただ、無理に伐採するのはよくない。福井でも近年は豪雨が増えているので、山が荒れるような伐採をすれば土砂災害の原因になってしまいます。

それよりも、森林環境を守る、あるいは災害に強い山づくりをしたほうが、地域の人や企業と連携しやすくなると感じています。

滝川　なるほど。確かに林業の支援政策について高知県庁の職員と話していると、木材増産を目的とした補助金の話がほとんどなんですよね。それは、政府が木材自給率を２０２５年までに現在の42・９％（２０２３年）から50％に引き上げるという政策目標を掲げているからです。ただ、その職員は「もはやそういう時代ではない」とも話していました。

自伐型林業は未整備の森林を良質な森に育て、結果的に「防災」や「減災」にも貢献することを目指しています。だからこそ、最初に山に入ってからしばらくの期間は、原木を伐採して利益を出すよりも、山の中に「作業道」というインフラを作ることに時間をかけなければなりません。

それをせずに「木材増産」を目的にすると、生産量を増やす林業だけが補助金の対象になってしまう。間伐率は2割より3割のほうが当然たくさん原木を伐採できます。しかし、今では、そうではない補助金の仕組みが必要なのではないでしょうか。それは、担当する官庁は林野庁より環境省が適しているのかもしれない。山のインフラを整備するための新しい補助金制度が必要ではないかと思います。

三木　本当にそのとおりですね。僕も岩手県の職員に同じような話をしています。結局、都道府県は林野庁の政策を引き受けて、市町村や事業体に橋渡しする役割が多い。なので、伐採したあとに植林する再造林事業にほとんどの予算と職員の労力が投入されています。

また、岩手県には地域に根付いた小規模の林業家が少ない。だから、補助金を受けるのは林業事業体で、地域の人はその下請けで仕事をするという構図ができ上がってしまっています。

自伐型林業者は小規模であっても下請けではなく、元請けの林業者です。岩手県は、これまでそういったニーズを認識していなかった。しかし、山主と契約して森林を整備しても、大規模な林業者と同等の補助をもらえないことについて陳情して、少しずつではありますが、要件の緩和や新しい補助メニューを予算化してくれるようになりました。

少し背伸びをして、自分たちの理念を作ろう

宮田　「林業を始めたい」と考える人に僕が言うのは、「少し背伸びをしてもいいので、理念を作ってほしい」ということなのです。

今の日本の林業政策の中では、自伐型林業をする人は必ず壁にぶち当たります。そういう時代だからこそ、「私は林業を通じて、こういったことを実現したい」という夢がないと、目の

前のハードルを飛び越えられなくなってしまう。裏を返すと、そのハードルを飛び越える推進力になるのが、その人の理念や夢なわけです。「自分たちがワクワクすること、楽しいと思えること。それを作ろうよ」と。

僕も最初は大変でしたが、今はすごく充実しているし、面白い。「お金はあとから付いてくる」というのは本当だと思います。新しく林業を始めた人を見ていると、僕が思い付かないようなアイデアがどんどん出てきている。それこそ、20代から60代まで、男も女も関係なく、いろいろな人が集まってくれるようになりました。

マウンテンバイクが好きな人が、起業コンテストに参加して３００万円ゲットしたこともありました。山を活かしながら、自分のやりたいことを実現していく。そのための良い山を作るのに必要なのが自伐型林業で、壊れずに使い続けられる作業道が大切なわけです。

大谷　林業は、各地方自治体の補助制度や、木材の質、市場までの距離などによってやり方が変化してきます。その点、智頭町は江戸時代から林業で栄えてきたという歴史があるので、いろいろな意味で恵まれている。自治体の理解も進んでいます。

だからこそ、「智頭で自伐型林業ができなかったら、他のどこでもできない」と思っています。苦労することはたくさんありますけど、なんとか踏ん張ってやり続けて、いずれは補助金をもらわなくても林業経営ができるようになりたい。

これから林業を始めたいと思っている人はたくさんいると思いますので、最初に失敗した人と同じ轍を踏まないようにして、良いところだけ吸収していってほしいですね。

山が美しくなっていく姿に幸福を感じる

――自伐型林業を続けてきて良かったと思うことはありますか。

三木　たくさんありますよ。戦後に植林されてから全く手付かずだった山に作業道を付けて、間伐して、搬出をすると、徐々に美しい山になっていきます。作業道は時間が経つにつれて山になじんでいって、10年ぐらいあとの次の間伐のときに再びその山に関われると思うと、うれしいですよね。長い期間、愛着を持って山に接することができること自体にとても幸福感があります。

自伐型林業は分業化された林業ではないので、作業道を付けて、山をきれいにして、木を育てて、さらには地域の人との折衝や自治体への補助金申請まですべて自分でやれることが、やりがいにつながっているのだと思います。

そのほかに、自伐型林業の手法について指導していただいている山口祐助さん、岡橋さん、橋本さん、野村さんなど、素晴らしい林業技術と、山に対する哲学を持っている人たちと出会えたことも、僕の人生において大きな喜びでした。それは、僕の私生活や家族との接し方などにも生かされています。

滝川　三木さんが話したことと同じです。1回間伐をして、すごく山が良くなった。その経験ができたことは大きいですよね。

　自伐型林業を目指す人は理想を高く持っていて、そのほうが日本の林業にとって有益であることはみんなわかっているんです。でも、なかなか実行できない。国も自伐型林業の支援に足を踏み入れることがなかなかできない。

　だからこそ、その理想をどうやって実現していこうかと考えることが面白い。正直なところ、豊かな森林を作りたいと思っても、人間の及ぶ力なんてちっぽけなものです。だけど、自分の短い人生の中で森林とどう関わっていくのか。

　100年、150年後の山って、ここにいる人は全員見ることはできないと思いますが、みんながそこに照準を合わせて良い森を作っていこうという雰囲気がある。それぞれの人間の生きざまや、自然との関わり方が多様で、それが自伐型林業の面白いところなのかなと思います。

宮田　僕、アニメが好きなんです。最近では「転生したらスライムだった件」というアニメが流行っていますよね。通り魔に刺されて死亡した主人公の男性が、ドラゴンクエストのような魔世界に転生して、しかもスライムとして生まれ変わってしまったという話です。

この話と似ているなと思うのですが、自伐型林業って、目の前に次々と降りかかってくる課題に挑戦して、クリアしていかないといけないんですよね。森の中で作業道を造って、そこにダンジョン（迷路）を造るとか、そのために重機の技術をレベルアップさせるとか。自分の力だけでできないときは、誰かに協力をお願いする。ゲーム感覚で林業をやると、もっと楽しくなりますよね。

作業道が付くことで、山が変わっていく。だから、初めて僕らの道を見た人は、感動してくれます。これまでの林業の常識ではありえなかったことに向き合って、僕らは道を切り拓こうとしている。みんなで、熊野古道みたいに２０００年続く道を造りましょう！

人生にライブ感がある

大谷　僕が林業を始めてから10年以上たちましたが、今までまいてきた種がだいぶ育ってきた。自伐型林業の最初の段階である道づくりをしてきて、基盤整備ができて、ようやく次のステップに来たという実感があります。
自伐型林業に関わる人たちだけではなく、智頭を盛り上げようと頑張ってきた仲間たちみんながそれぞれ成長してきたし、新しく町にやってくる人も増えてきました。

今、智頭には「智頭町複業協同組合」という組織ができて、自伐型林業を担う林業家だけでなく、地域の課題解決に貢献する人材をいろいろな場所に派遣しています。「よくこんな面白いこと始めるなあ」と思いながら、自分も会議に参加しています。

なんか、今の僕の人生って、ライブ感があるんですよね。楽しいんです。その分すり減ることも多くて、肝臓は徐々にやられてきていますが、そういう人生もおもろいなと思っています。

能登半島地震で半壊した自宅を日本古来の「板倉構法」で再建

自伐型林業推進協会事務局　荒井美穂子

2024年1月1日、石川県能登半島を震源とした最大震度7の地震が発生しました。富山県氷見市に住む自伐型林業推進協会事務局の荒井美穂子さんも被災し、自宅は半壊の認定を受けました。修復は絶望的な状況でしたが、荒井さんは自伐型林業を通じて知り合った仲間たちの励ましと協力を受け、自宅の再建を決意。困難を乗り越える一歩を踏み出しました。本コラムでは、荒井さんによる1年間の復興記録を紹介します。

▼2024年1月2日夕方

「(氷見市) 阿尾のXだけど、荒井さん？　覚悟して聞いてな」との電話があり、翌日、北陸新幹線で新高岡駅へ。氷見で自伐型林業を目指して活動中の佐藤さんの車に乗せてもらい、家に向かう。家の正面のサッシや玄関の引き戸は全て外れて庭に落ち、むね瓦も屋根の上で波打っている。家の内部は土壁が崩れ、柱が傾き、ふすまや障子がひしゃげて引き裂かれて散乱したので足の踏み場もない。築60年の家でもあり、この状況では修理というレベルではすまないことは一目で理解した。

▼1月12日

新年最初の出張地は宮城・南三陸。東日本大震災の被災地であり、仙台出身の私も、何度も復興支援で訪れた場所。10年前からの知り合いで、今は自伐型林業を営んでいる渡辺啓（ひらく）さん（南三陸自伐型林業協会長）の施業林を見学する内容で、不思議な巡り合わせを感じる。そこで渡辺さんの妻と義母が被災した自宅跡に再建した板倉造りの家（喫茶店）に立ち寄ることができた。自伐協講師の橋本先生の山から伐り出した無垢の木材をふんだんに使った壁や梁が美しく、薪ストーブの暖かさが心地よい。以前もうらやましく思っていたが、「こんな再建ができたら良いなぁ」と改めて思う。

▼3月6日

板倉建築の第一人者で、各地で復興住宅を手掛けている筑波大学名誉教授の安藤邦廣先生に

震災直後の家の様子。土壁が崩れ落ち、障子紙がビリビリに破れていた

氷見に来ていただく。奇跡的に無傷で残った建具や気に入っていた古い丸太の梁などを「これは立派な宝物です。再利用しましょう！」と言っていただく。それらは、今となってはなかなか入手できないけれど、当時は普通に使われていたもの。これを残せたら私が嬉しいだけでなく、被災した他の人たちの参考になる再建になるのでは、と胸が躍った。話をしているうちに、安藤先生が中学の大先輩であることも判明。

▼4月16日
自伐協月例会議の後、家の再建について話をしていたら、「山口祐助先生（自伐協講師）が砂防ダムの建設で仕方なく木を伐るそうなので、それを使わせてもらったら？」ということになり、協会スタッフの橘高佳音さんがすかさず電話してくれる。山口先生から材積や本数を聞いても、家の建築にどんな感じで使われるのか、運搬にちょうど良い量なのかもまったくわからず、ちょうど関西に出張予定のあった安藤先生と一緒に山口先生の山に行くことに。

▼5月6日
兵庫県多可町の山口先生の山林を訪ね、土場に置いてあった樹齢100年ほどのスギとヒノキを見せてもらう。安藤先生も「これは素晴らしい！」と見入りながら、すでに頭の中でどこ

にどう使うか計算が始まっているよう。伐採現場を見せていただいた後、その足で近隣の製材所を訪ね、製材と運搬についてお願いすることに。ここでも不思議な「人の縁」があり、話がトントン進む。

▼6月6日

氷見に搬入された山口先生の材の確認と打合せのために氷見の岸田木材へ。100年のヒノキは大黒柱、恵比寿柱、上り框(あがりかまち)に、スギは床材や家の中心に据えられる大きなテーブルや天板にできるよう製材されて運ばれ、ここからは桟積みして夏の間に天然乾燥。もちろん天然乾燥は数年かけてじっくりゆっくりとするのが望ましいところだが、復興住宅として、少しでも早く竣工したいこともあり、風通しの良い野外で雨に当てながら天然乾燥する方法が採用された。残りの柱や壁などの材は、岸田木材の豊富な在庫を社長の案内で見ながら決定していく。地元産のひみ里山杉や能登アテを適材適所で使うことになった。

山口先生の山の砂防ダム建設予定地を訪問

▼7月18、19日

全国各地から板倉協会の方々が氷見の家に集結。取り壊しに先立ち、富山大の籔谷祐介先生、ゼミの学生と一緒に建具や再利用可能な材の取り出し、リスト化をする。漆塗りの天井板も可能な限り取り外し、建具と一緒に敷地内の納屋に運び込む。自宅で使いきれない建具も、誰かに再利用してもらえることを望む。瓦と梁は再利用するため、その後の家の取り壊しも、通常とは違って丁寧に行われた。梁の取り出し時はメディアの取材も入り、たくさんの人が見守る中で、大工さんの指示のもと、掛矢(かけや)の音が響き、重機で大きな梁が宙に浮く姿を見たことは貴重な体験となった。

砂防ダム建設予定地から伐り出された90年生のスギ丸太（左上の4本はヒノキ）

▼9月13日

更地になり、いよいよ着工かと思いきや、地盤調査で地下水位が高い軟弱地盤であることが判明。地盤改良が必要となる。安藤先生から、環境負荷の少ない環境パイル構法や採石パイル構法の提案がされる。複数の業者から見積りを取るなど検討や調整が入ることに。

▼10月24日

板倉の家での使用実績もあり、材料の丸太を岸田木材で調達できることから、防腐剤を使用しない（土中の水が多いため、防腐処理が不要という判断）スギ丸太を使用する環境パイル構法でいくことになった。新たに末口12センチ、長さ4ｍの丸太33本を発注。専用重機を使って建設予定地に打ち込む処置が行われた。環境負荷も少なく、CO_2（二酸化炭素）の固定（土中で長期間保存される）にもなる。間伐材の販路拡大という点でも、ぜひこの構法が広まってほしいと思う。

震災から10カ月。たくさんの人の協力で、ようやくここまで辿り着いた。地盤改良に先立って行われた地鎮祭では、開始と同時に庭のカエルが一斉に鳴き始め、縁起が良いとされる雨を呼んでくれた。12月には上棟式、３月竣工を目指す。様々な動物がやってくる生物多様性豊かな庭はそのままに（家が小さくなるのでむしろ増える）、スギ、ヒノキ、アテ（能登ひば）、マツ（再利用の梁）、高野槙（風呂）と特性に合わせた木材をふんだんに使った家になる。

▼12月17日

本日から建て方ということだが、朝から雨。これでは工事も進まないのではないかと思いながら昼過ぎに現場に行ったところ、すでにぐるっと壁が建っていてビックリ！　板倉工法では柱の間に厚さ1寸、幅15センチ程度の板を何枚も落とし込んで壁とするのだが、この部分をプレカット工場でパネル状態にしてしまうことで、工期が大幅に短縮される。それにしても早くて驚いた。

▼12月18日

いよいよ大黒柱と再利用の松の古材の梁を設置する。丸太で太さも形も異なる上、雨で材が膨らみ、また、マツは何十年経っていても「材が暴れる」そうで、最初に測定した時よりも微妙にねじれていてホゾが合わない。何度もやり直して微調整をしてようやく設置。後から聞いたところでは、大工さんも久しぶりの仕事で、腕を振るえて誇りを感じてくれたとのこと。よかった！

▼12月20日

この季節には珍しい晴れの天気のもと、上棟式が行われた。山口先生のヒノキの大黒柱に陽の光があたり、神々しく輝く姿に感動。

明日の見学会でまく餅をみんなで準備。餅米は前の職場の同僚で氷見に移住して夫婦で農業に取り組む藝術農民さんが育てた古代米（緑米）のアクネモチ。全国でも生産量は希少で幻のお米と言われている。かまどに薪をくべ、せいろで蒸して、みんなで餅まき。玄米のため苦戦したが、味は最高！　大学生の女子たちも餅を丸めるのは初めての体験で、明るい声が響く。京都から応援できてくれた大工さんの協力で、屋根もギリギリで間に合った！

天井は山口先生の山のスギ、正面は同じくヒノキの恵比寿柱

▼12月21日

時折冷たい雨が降るこの時期らしい天気。スタッフは6時半に集合し、見学者へのお土産用の餅をつく

準備に入る。開始時刻の9時には40名近い見学者が。餅つきも昨日の練習のかいがあって順調に進む。みんな上手！　最終的には60名近く、家に入りきらないほどの見学者に来ていただいた。老若男女、家族連れ、さらには海外からの参加者も！　安藤先生の説明に続いていよいよ餅まき！　袋詰めしたお餅約100個を建築用の足場から見学の皆さんへ向かって投げました。みなさんの笑顔がよく見えて、素晴らしい経験ができました。震災から約1年。街の中ではまだブルーシートに覆われた家も残る一方で、公費解体で更地になったところも増えてきました。私の家づくりを通して、地元の木材への注目度が高まり、古材・古い建具などの価値が見直されて、次の時代に受け継がれてほしい。春には再利用の瓦や建具が入って完成予定なので、ぜひ遊びにきてくださいね〜。

MEMO　今回の半壊住宅再建のポイント

- 被災家屋の木材・建具・瓦再利用（ごみの削減、焼却によるCO² 排出削減）
- 国産材・地域材の活用（輸送による燃料消費やCO² 排出削減）
- 板倉構法（通常の木造の2〜3倍の木材使用。壁紙や合板を使わない。化学物質不使用）
- 天然乾燥（燃料を使わない乾燥で燃料消費やCO² 排出削減）
- 環境負荷の少ない地盤改良（コンクリート・鉄骨に比べCO² 排出削減。木材に固定されているCO² の地中保存）

・間伐材利用
・薪ストーブ設置（化石燃料消費削減）
・断熱材はペットボトルの再利用素材（パーフェクトバリア）
・塗料は漆、蜜蝋を使用予定（ワークショップ開催）

※建物は26立方メートル、地盤改良の杭が2立方メートル、その他マツの梁が約2立方メートル、合わせてCO_2固定量は約17トンになりました。

12月21日の上棟見学会にはたくさんの人が来てくれ、木の家の心地よさを実感してもらえた。中央がヒノキの大黒柱

第5章

ヨーロッパ林業の光と影
オーストリア・ドイツ調査報告

現在の日本の短伐期・大規模皆伐を中心とした林業政策は、ヨーロッパの林業をモデルに作られたと言われています。しかし、ヨーロッパには多様な形の林業があり、小規模の自伐林家もたくさん存在しています。そこで自伐型林業推進協会では2023年と2024年に2度の現地調査を重ね、現地の林業家にヒアリングをしました。そこで見えてきたのは、ヨーロッパ林業の厳しい現実と、それと奮闘する林業者たちの姿でした。


「日本の山には木がたくさんあるのに活用されていない」

「日本の林業者は経営に対する意欲がない」

「日本の林業は効率が悪い」

林業の現場で活動していると、専門家や政策立案担当者が「日本の林業」をこのように批判する場面によく遭遇します。

そこには「外国の林業はもっと進んでいる」という思いが少なからず含まれているのですが、このような「日本は遅れている」という前提のもとに2000年代以降の日本の林業政策は「改革」を続けてきました。

日本が最も参考にしたのは、「林業先進国」とされるオーストリアやドイツを中心としたヨーロッパの林業国です。２０１８年の「森林・林業白書」には、次のような記述があります。

「日本は、路網の整備や高性能林業機械の導入等についても欧州の主な林業国と比べて遅れており、こうした状況も森林資源が十分に活用されない原因の一つとなっている」

政府の林業政策担当者は、日本の「遅れている林業」を現代化するために、小規模・家族経営の自伐林家ではなく、大規模な面積の伐採をする森林組合や素材生産業者を支援する政策を準備し、多額の補助金を投入してきました。大量に木材を生産するためにハーベスタ（伐倒造材機械）やフォワーダ（積載式集材車両）などの導入が急速に進み、２０２２年時点では、高性能林業機械は日本全国で１万２６０１台保有されていて、10年間で倍増しています。

これまでも繰り返し述べてきたように、高性能林業機械を使って林業をするには、道幅の広い林道や作業道が必要です。保有台数が増えるに連れて、道幅３・５メートル、あるいは４メートルを超える作業道の敷設が全国的に広がりました。今では、丸太を生産するための主伐でも、森林を一気に伐採する皆伐が広がっています。

日本の現行制度では、税制優遇制度や補助金支給など、支援措置の対象となる森林経営計画の認定を受けた森林は、最大20ヘクタールまでの皆伐が認められています。20ヘクタールは一辺が447メートルの正方形とほぼ同じ面積ですので、緑豊かな山が丸裸になる規模の伐採が、日本では合法的に許されていることになります。その結果、道幅の広い作業道や皆伐された山から土砂崩れが発生し、人命が失われる災害も頻発するようになりました（土砂災害発生のメカニズムについては第2章で解説）。

ここで、別の疑問も浮かびます。災害の原因となり、また主伐後の約6割の山が再造林されていない今の日本の林業のやり方は、本当にヨーロッパの林業先進国でも実施されているのでしょうか？

オーストリアやドイツの林業については、研究者や政策立案担当者、林業関係者などたくさんの専門家や団体が視察しています。それらの報告書を読むと、高性能林業機械を使用した「効率的な林業」を賞賛する内容でまとめられていることが多いのですが、以前から日本の一部の林業関係者からは「実態は違うのではないか」という疑問の声が上がっていました。

オーストリアは小規模の林業家が多い

統計を見ても、林業先進国とされるオーストリアやドイツにはたくさんの小規模・家族経営の自伐林家が存在していることがわかります。また、規制は厳しく、オーストリアでの皆伐は日本の10分の1である2ヘクタール以下しか認められていません。ドイツも同様です。

日本に比べて伐採についてはるかに厳しいルールがあるので、自伐林家が1台数千万円もする高性能林業機械を購入できるとは思えません。いったい、何が本当のオーストリア・ドイツ林業なのでしょうか。

そこで自伐型林業推進協会では、海外の林業事情を調査するチームを結成し、２０２３年と２０２４年の二度にわたってヨーロッパを訪問。オーストリアとドイツを中心に自伐型林業の視点から実情を調べました。

調査の目的は主に次の３つを把握することです。

①オーストリアとドイツを中心とした、ヨーロッパ林業の実態
②ヨーロッパで小規模経営を実践する自伐林家はどのような林業を展開しているのか
③日本に輸入された林業政策は日本の実情に照らして適切だったのか

調査チームが実際にヨーロッパで見てきたものは、これまで日本に紹介されてきた「林業先進国」の話とは異なるものでした。今、ヨーロッパの林業は歴史的な転換点を迎えています。

小規模・家族経営の林業家も、日本の自伐型林業者と同じように、新しい形の林業を模索して

いました。

異常気象が林業を苦境に追い込んでいる

2度の訪欧で、調査チームが最も時間をかけて調査したのはオーストリアでした。オーストリアの面積は北海道とほぼ同じ8万3870平方キロメートルで、国土の約3分の2をアルプス山脈が占めています。人口は約840万人。日本と大きく異なるのは、ドイツ、スイス、イタリア、スロベニアなど8つの国に囲まれていて、海のない内陸国であることです。ヨーロッパの国の中では山間部の急峻な地形で林業が営まれていることが多く、森林所有者の所有面積が比較的小さいことが特徴です。日本のほうがオーストリアよりさらに急峻な地形が多く、森林所有者の所有面積が小さいのですが、林業をする条件が似ていることもあって、日本林業関係者の視察団はオーストリアをよく訪問しています。

国土の約47%が森林に占められ、その半分で寒冷な地帯でも育つドイツトウヒが植えられています。森林面積は日本の6分の1ですが、素材生産量は1840万立方メートル（2021年）あり、これは日本の素材生産量の約8割に相当します。林業従事者の数は17万5000人で、木材の販売業や家具職人なども含めると、林業関連産業に約29万人の就業者がいます。人口が約1億2000万人の日本では林業従事者の数が4万4000人で、今も減少傾向にあることを考えると、統計数字を見ただけでもオーストリアでは林業が大きな雇用を生み、農村部の経済を支えていることがわかります。

このように林業大国として歩んできたオーストリアですが、現在は大きな課題に直面しています。

最大の脅威は、風倒木や、キクイムシによる虫害が大量に発生していることです。特にトウヒへの被害が大きく、これまでオーストリアの林業を支えてきた針葉樹施業が厳しい状況に陥っています。

その原因の一つにあげられるのは、気候変動によって環境が変化していることです。調査チームが2024年9月中旬にオーストリアを訪問したときも、異常気象が直撃しました。

首都ウィーンに到着したときの気温は10度を下回り、9月なのに冬のような寒さでした。一部地域では雪が降っていましたが、「先週までは真夏の暑さで、泳ぎに出かけていた」と現地の人は言っていたので、急激な気温の低下はオーストリアの人にとっても想定外の出来事だったようでした。

寒気が停滞したことで雨が降り続き、ウィーンをはじめオーストリア各地で洪水が発生。ドイツ、イタリア、ポーランド、チェコ、ルーマニアなど中欧から東欧の国々で20人以上が死亡、

写真 5-1　シュタイアーマルク州での風倒木現場

２００万人を超える人々が被害を受けました。

列車での移動では相次ぐダイヤ変更に悩まされ、線路が流された区間は、現地で居合わせた乗客と一緒にタクシーやバスをチャーターして移動するなど、１００年に一度とまで言われた災害に国中が大きく混乱していました。

やっとの思いで到着したオーストリア南東部に位置するシュタイアーマルク州では、風倒木の被害が広がっていました。案内役を務めてくれた同州の森林組合に勤めるマックスさんのもとには、被害報告の電話が次々とかかってきていました。彼は「相当な被害が出ているが、規模は全くわからない」と少し疲れた表情を浮かべていました。

実際に現場に連れて行ってもらうと、暴風によって倒され、根っこがむき出しになったトウヒが辺り一面に広がっていました。

所有する６ヘクタールの山林が被害を受けた山主の男性は、「樹齢１００年ぐらいの木が多かったのに、全部やられてしまった。こんな大きな被害を受けたのは初めて。これだけ被害が広がると、植林してくれる業者は見つからないだろう。自分たちで植林するしかない」と、ショックを隠しきれない様子でした。

風害とキクイムシの大量発生で皆伐が主流に

２０２４年１～10月は、オーストリアの観測史上で最も暑かったと発表されました。同期間の平均気温は産業革命以前（１８８１～１９１０年）の水準と比較して４・１度高く、大雨や干ばつのリスクが高まり、標高の低い地域では降雪量が減少すると指摘されています。隣国のドイツやスイスも同じ傾向にあります。

トウヒは木材の中では柔軟で加工しやすく、乾燥による収縮が少ないのが特徴です。成長が早いこともあり、第二次世界大戦後にドイツやオーストリアで建築材として広く植えられました。一方、根を地中深く張ることがないため、強い風が吹くと根っこから倒れてしまう弱さがあります。これまでもオーストリアでは繰り返し風倒木の被害が発生してきましたが、今後、異常気象の頻度が高まれば、林業もその影響から逃れることはできません。

風倒木が発生した場合、早急に処理する必要があります。倒れた木にはキクイムシが発生しやすく、周囲の健康な木にまで悪影響が及ぶからです。

しかし、倒れた木を急いで処理して市場に持っていくと、木材が大量供給されて価格が暴落してしまいます。その対応も大変なものです。マックスさんは「他の州の森林組合に、木材生産量を少なくしてもらえないか相談している」と話していました。

　視察では、風倒木の被害を受けなかった森も調査しました。なかには樹齢70年以上の立派なトウヒが立ち並ぶ森もありました。しかし、マックスさんはこう言いました。

「これ以上、木が大きくなると風倒木やキクイムシの被害を受ける可能性が高まる。被害を受けてしまったら、木材としての価値が急激に下がってしまう。それは山主としてはリスクが非常に高いので、数年以内に伐採していくしかない」

ドイツからトウヒが消える

写真 5-2　ドイツ南部に広がるシュバルツバルト（黒い森）ではトウヒを中心とした森が広がるが、50 年後には生育は難しくなると予想されている

もう一つの視察先だったドイツのバイエルン州でも、気候変動による温暖化の脅威に直面していました。バイエルン州はオーストリアに比べて標高が低く、平坦な地形で、車で移動していても、地平線の向こうまで農村風景が広がっているような土地です。林業も、平地やなだらかな丘状の地形を中心に行われています。

夏場はクーラーを必要としないほど冷涼な気候ですが、オーストリアに比べて気温が少し高くて雨量が少ないため、林業にとっては夏場の日照りと乾燥が脅威となっています。ドイツもオーストリアと同じようにトウヒの割合が多い地域ですが、近年はキクイムシが大量発生し、そのたびに森林を皆伐せざるをえない地域が増えています。

報道によると、２０１８～２０２２年にキクイムシによって壊滅した森林は50万ヘクタールにのぼります。50万ヘクタールという広さはなかなか想像が難しいと思いますが、千葉県とほぼ同じ面積です。それだけ多くの森が失われてしまいました。

キクイムシの幼虫は、気温が低くなると活動できなくなります。なので、これまでは冬場に雪が積もって低い温度が続くと死滅していました。それが現地のフォレスター（森林官）によると、「近年は雪が積もらなくなったのでキクイムシの幼虫が冬を越してしまい、夏の大量発生につながっている」と言います。

キクイムシは寄生している木が枯れてしまうと、周囲にある最適な木に移動します。その移動範囲は５００メートルに及ぶため、少しでもキクイムシの被害が発生すると、周辺の無傷の木材も含めて広範囲に伐採しなければなりません。迅速な対応が求められることから、ドイツでは虫害対策のための伐採には補助金を給付しています。結果的に、一斉皆伐によってトウヒが大量に伐採されて、安い価格で市場に出回ります。それが皮肉にも「ドイツ林業の生産性の高さ」につながっています。

ドイツやオーストリアでは、１９９０年頃から風倒木やキクイムシの被害が目立つようになりました。今後も気候変動による気温の上昇が収まるとは考えにくく、特にドイツの低地にある平野部では、50年後にトウヒが生育している可能性は低いと考えられています。被害を受けた木を処理するために高性能林業機械が多用され、現在では健康な状態にある森林にも使用されることが増えています。現地調査に参加した自伐型林業推進協会の中嶋健造代表理事は、こう言います。

「『気温の上昇に弱い』という理由でトウヒの伐採を急速に進めているので、高性能林業機械を使って過剰に間伐されている森が目立つ。そういった森では風が通りやすく、土壌が乾燥してしまう。結果として、ますます風倒木やキクイムシが発生しやすい森になっているのではないか。今後、欧州で暴風雨などの異常気象が増えたら、被害はさらに広がるだろう」

トウヒを中心としたこれまでの針葉樹施業からの転換は、ヨーロッパでは喫緊の課題となっているのです。

混交林化で持続可能な森林を作る

では、ヨーロッパの林業家たちは、この危機をどうやって乗り越えようとしているのでしょうか。そのことを知るために、私たち調査チームは自分たちで新たな森づくりを始めた林業家を訪ねました。

ドイツ中央部の南側に位置するフランケン地方に、カステルという小さな村があります。古くからワインの生産地として知ら

写真 5-3　1000ha の森林を所有するカステルさん

れ、村には８００年の歴史を持つ「フューアシュリッヒ・カステル」というワイン醸造所があります。所有する70ヘクタールのブドウ畑からワインを生産し、世界15カ国で販売。特に、フランケン地方で栽培されている「シルヴァーナー」という品種のブドウにこだわっていて、すっきりとしていながら、さわやかな味わいのある白ワインが高い評価を得ています。

ワイナリーを経営するカステル家は地域の名家として知られ、ドイツで唯一の家族経営の銀行も所有しています。その銀行は、２５０年前にフランケン地方で大冷害が発生したとき、村民へ融資して生活再建の支援をするために設立されたのが始まりでした。

そのカステル家は、約１０００ヘクタールの森林を所有しています。26代目の当主であるフェルディナンド・フュルスト・ツ・カステル＝カステル公は、父の代から新しい時代に適応した持続可能な森づくりを始めました。環境意識の高いドイツにおいても先駆的な挑戦だったそうです。それは、トウヒ中心の針葉樹施業の林業から、ブナ、ナラ、カシなど広葉樹も多く含んだ混交林に生まれ変わらせようとするものでした。

カステルさんは、「すべての失敗は１６０年前に始まった」と前置きしたうえで、新しい森づくりが始まるまでの歴史をこう語りました。

「当時、林業はお金を儲けるための手段だと考えられていました。それで、成長が早いトウヒをたくさん植林したのですが、もともとバイエルン地方はトウヒとの相性が良い土地ではなく、さまざまな問題を抱えていました。1990年に大規模な風害が発生し、たった1日で11万立方メートルの木が倒れてしまいました。これは、7年間分の木材生産量に相当します。このときに、それまでの考え方を改め、全く新しい森を作ることに決めました」

ドイツでトウヒの一斉植林が加速したのは、2度の世界大戦で敗れたことも影響しています。莫大な額の賠償金を調達するために森林が大量に伐採され、その後にトウヒが一斉に植林されました。日本でも、戦時中の木材供出と戦後復興の木材需要の高まりによって広葉樹も含めて森林が大量伐採され、その後にスギやヒノキを中心とした針葉樹が一斉に植林されたことと似た状況です。

カステルさんによると、大量の風倒木を処理することが大変だったうえ、さらに処理が終わっていなかった木にキクイムシが発生したことが追い打ちをかけたそうです。急いで作業して、その木を市場に持っていっても、木材は供給過多になっていて、価格は暴落。林業経営は危機に陥りました。

危機の中で見えた「希望」

しかし、「危機」に直面したからこそ、初めて見えた「希望」がありました。

風倒木の被害を受けた森があった一方で、自然林に近い形で育てられ、ブナやナラなど多様な種類の広葉樹が育っていた混交林では被害が少なかったのです。このときに、風倒木の発生はトウヒの一斉植林が原因であったと確信しました。そして、ここから「人間が原因を引き起こした問題は、人間が解決しなければならない」という視点に立ち、森を生まれ変わらせるプロジェクトが始まりました。

大規模な風害から34年が経過し、カステル家の森は今では全く違うものになりました。

トウヒの森を天然更新で徐々に広葉樹との混交林に変えていきました。現在では、森林の中でトウヒが占める割合は

写真5-4　カステルさんの森には、今では多様な種類の樹木が育っている

２００３年の27％から８％まで減少し、ブナは24％から33％に、ナラは９％から14％に増加しました。そのほかにカエデやサクラ、ベリー、リンゴなどの木も５％から10％に倍増したそうです。今では、広葉樹を中心とした森と、針葉樹と広葉樹が混ざった森がどこまでも広がっています。

それでも、課題はまだ残っています。カステル家の森林を管理するクリストファー・マンさんは、フォレスターの資格を持ちながら、自らも林業をしており、持続可能な森づくりに努めています。マンさんは次のように語りました。

「ドイツは環境規制が厳しくて、何でも『自然のままにしたほうがいい』という方針です。ですが、それだと今後の環境の変化に耐えられる木は育ってこないのです。フランケン地方で天然更新をするとブナがたくさん生えてくるのですが、ブナは暑さに弱い。私が大学に通っていたとき、この地域の年間の平均気温は７・５〜８・５度で、降水量は６５０ミリでした。それが今では平均気温が11・５度に上がり、雨量は４５０ミリに減っています。今後もこの傾向が続くことが予想されているので、高温と乾燥に強い木を育てなければなりません」

環境の変化に耐えられる森づくりのために、さまざまな工夫をしています。

伐採をするときは光の加減を考慮して、次に天然更新によって育ってくる木の種類を調整します。ナラを伐採したいときは、単純に伐倒するのではなく、木の皮を剥がしてゆっくりと枯らせる。動物が増えすぎて獣害が発生しないよう、年間の狩猟頭数は厳しく管理されています。

それでも、トウヒを中心にキクイムシが発生することがありますが、周囲にトウヒ以外の多様な種類の木が育っているため、被害が拡大することはありません。日本でキクイムシが発生したときは森林に薬剤を散布することが多いのですが、それもしていません。虫にやられた木をそのまま残しておくことで、自然と木が朽ち果て、新しい芽が生えてきて森が再生するのを待つようにしています。

日本の自伐型林業者にも共通する徹底した森林管理ですが、林業先進国のドイツでも、ここまで細かく管理されている森は珍しいとのことでした。マンさんはこう語ります。

「行政や専門家は長い目で林業を見ることに慣れておらず、私たちの森づくりを理解しているわけでもありません。ただ、近年では興味を持ってくれる人が増えていて、私たちの森づくりが少しずつ広がり始めています」

新しい森づくりを始めてから34年が経過しましたが、マンさんは「ちゃんとした森になるまでには、まだ10年、20年といった時間がかかる」と言います。「今はまだ森をつくっている段階で、経済的な利益を出せる森にはなっていない」とのことです。それでも時間をかけてプロジェクトを進めている理由について、カステルさんはこう言いました。

「私の代で完成しなくていい。孫の世代のために森林を育てているのです」

1年後や2年後ではなく、10年後、20年後の森の姿を考える。それがあって初めて、100年後、200年後の森を想像することにつながります。カステル家の森林は面積だけを考えれば大規模な林業家ですが、その考え方は日本で自伐型林業を実践する人たちとたくさんの共通点がありました。

自分で考え、実践するオーストリアの自伐林家たち

先ほど風倒木被害の現場として紹介したオーストリアのシュタイアーマルク州は、首都のウィーンから約150キロメートル離れた山間の街です。州都のグラーツはその美しい街並みが世界遺産として登録されていて、州としてはオーストリアの中でも林業が盛んな地域として知られています。

シュタイアーマルク州には約100万ヘクタールの森林があり、そのうちの約4割を森林組合の組合員が所有しています。組合員の数はおよそ1万6000人。森林組合は州内外の木材市場の価格情報を持っているので、個人の林業者に代わって、できるだけ高い金額で木材を買い取ってもらえるように販売ルートを確保することを仕事としています。また、伐採された木材の集荷の手配も手伝います。森林所有者である組合員の所得を上げるために働くのが森林組

合の仕事です。

このようにオーストリアの森林組合の役割は、日本と大きく異なっています。日本の場合、一次産業の協同組合といえば農業協同組合（農協）、漁業協同組合（漁協）、そして森林組合があります。その中で、森林組合だけは違った存在です。

農協は農家に代わって畑を耕すことはしませんし、漁協も船を出して漁をする漁師を支える組織です。ところが、森林組合だけは、森林所有者に林業をしてもらうわけではなく、森林所有者に代わって林業をする「作業班」を持つ組織です。

では、オーストリアの森林組合はどのような役割を果たしているのでしょうか。マックスさんは、「森林組合といっても、僕らが伐採することはないよ」と言いながら、こう説明しました。

「組合員のところに行っても、仕事の話はほとんどしないよ。『家族は元気？』とか、たわいもない話をしているね。ワインを出されたら、もちろん飲むしね。山のことで困ったときに頼りにできる相談相手のような存在になれたらいいんだ」

森の相談相手であるフォレスターは、森林の所有者に今後の森づくりについてアドバイスをする役割と同時に、法律に適合した森づくりができているかどうかを監督する役割も持ちます。

オーストリアでこのような林業が実践されているのは、オーストリアの森林法では「森を育てること」が重視されているからです。

今では「世界一厳しい」といわれる森林法を有するオーストリアも、200年前は森が荒れていました。荒廃した森林を回復させるため、1852年に森林法が布告されました。オーストリア＝ハンガリー二重帝国の時代です。それまでは皆伐のような森林の成長量を無視した木材生産が横行していたため、森林に関する法令が定められ、木材生産の方法だけでなく、土砂災害を防ぐための土壌保全機能も重視されました。

以来、その精神はずっと引き継がれ、1975年に現在の法律が成立しました。さらに、2002年に改定された現行の森林法では、先述したように原則2ヘクタール以上の皆伐は禁止されています。

とはいえ、「山林所有者から『皆伐したい』という相談が来るのも事実」とマックスさんは言います。都市部に出てしまった森林所有者が「今後の管理を手放したいから皆伐したい」、あるいは「風害で大規模に木が倒れてしまったので皆伐したい」という事例も多いそうです。皆伐は手っ取り早い。目の前に生えている木を何の選別もせずに一斉に伐採できるので、効率的で生産性が高いことは確かです。それにもかかわらず、マックスさんはできるだけ別の手段を提示するそうです。皆伐を避けようとする理由は何なのでしょうか。マックスさんに尋ねると、こんな答えが返ってきました。

「一つ目は、皆伐後の植林にコストがかかること。伐採後の山を放置することはできません。植林には人件費と経費もかかります。二つ目は、環境の保護です。皆伐した山に太陽が当たりすぎると、山の土が乾燥してしまう。土が乾燥すると、水がなくなって若い木は育ちません。最後の理由は、皆伐すると樹齢がそろってしまうこと。樹齢や樹種が違ったほうが、多様性のある良好な森になります。この土地で主に育てられてきたトウヒは高温に弱く、地球温暖化で将来性を危惧されています。いろいろな種類の樹木が生えていて、その樹齢がさまざまなほうが、長い目で見ると耐久性があるので経済的にもいい。結果的に良好な森になります」

地域熱暖房システムで地域の経済を循環させる

日本では「音楽の国」として知られるオーストリアですが、気候変動対策や原子力発電に依存しないエネルギー政策など、国民の環境問題への関心が高いことでも知られています。オーストリアの林業関係者も環境問題の取り組みに熱心で、木材を熱エネルギーとして利用するインフラ整備が進んでいます。

２０２０年10月、日本政府は２０５０年までに温室効果ガスの排出を全体としてゼロにする「カーボンニュートラル」を目指すことを宣言しました。これは、２０１５年に国連気候変動枠組み条約締約国会議（COP21）で採択され、2016年に発効した気候変動問題に関する国際的な枠組み「パリ協定」に伴う世界的な動きの中で宣言されたもので、2021年4月までに125カ国と1地域が同様の表明をしています。

現在、世界中で加速している「脱炭素競争」は今後も止まることはないでしょう。その中でオーストリアは、パリ協定以上の野心的な目標を掲げていて、「2040年までに温室効果ガス排出実質ゼロにする」「2030年までに国内で生産される電力をすべて再生可能エネルギーで賄う」と宣言しています。

この動きは、2022年2月にロシアがウクライナに侵攻してからより加速しました。

オーストリアは、隣国のスロバキアを挟んだ

写真5-5　木材チップを生産するヨハン・ビアガーさん

東側にウクライナがあります。ロシアによるウクライナ侵攻が始まってからは、オーストリアは天然ガスや石油の「脱ロシア化」を迫られ、エネルギー市場が大混乱しました。天然ガスの価格は、２０２０年と２０２２年を比較すると12・５倍にまで急騰しました。現在の価格は少し落ち着いてきたものの、２０２３年の平均価格は２０２０年比で約4倍です。そのため、自国で再生可能エネルギーを普及させることは、気候変動対策だけではなく、安全保障上の脅威から自国を守るためにも必要だとの認識が、オーストリアに広まりました。

もともと、国土の3分の2が山岳地帯であるオーストリアは、アルプス山脈から流れるドナウ川などからの水資源が豊富で、国内の３０００カ所以上に水力発電所があります。国

写真5-6　オーストリアには数人程度しか入れない発熱施設がたくさんある

内の発電電力量の6割近くが水力発電によるもので、総消費電力に占める再生可能エネルギーの割合は8割近くにのぼります。しかし、これまで数多くの水力発電所を建設したことで、環境負荷のかかる新規施設の建設は難しくなっています。

そこでオーストリアが力を入れているのが、木材を利用した熱エネルギーの供給です。

州都グラーツを流れるムール川の上流部にあるレオーベンは、人口2万5000人程度の小さな町です。川沿いに並ぶ建屋の脇で私たち調査チームを出迎えてくれたヨハン・ビアカーさんは、林業をしながら酪農も営んでいます。

ビアカーさんは、35人が資金を出し合う「レオーベン協同組合」の出資者の一人です。

写真5-7　地域熱暖房システムと契約することを前提に建設された農村部の新しい住宅地

同組合では400キロワットのチップボイラーを保有し、近隣の52軒の家屋にパイプを通じて温水を提供しています。

組合へ木材を出荷している人について尋ねると、「地域に住む林業家だよ。彼らが組合へ木材を出荷し、組合はそのメンバーたちで決められた価格で買い取っているんだ」と、ビアカーさんは教えてくれました。

大きなチップ製造業者がいるわけではありません。聞けば、その生産者は33人の林業家で、なかには組合の出資者もいるとのことです。販売利益は、組合への出資額に応じて配分されています。ボイラーは全自動のため、普段は施設に誰も駐在していません。

ボイラーの稼働が停止するなどの緊急事態が起これば、管理者であるビアカーさんの携帯電話に連絡が来るように設定されています。ボイラーが故障しても「組合メンバー内に電気屋がいるから、修理は安く済むんだ」とビアカーさんは言います。ボイラー業者によるメンテナンスは年に1回なので、日常の軽微な故障に対しては組合員で対応しています。

レオーベン協同組合のように、木材を使って温水を作り、地域の施設や住宅に供給する仕組みは「地域熱暖房システム」と呼ばれています。小規模の発熱施設はシュタイアーマルク州内に700以上、オーストリア全体では2000以上あります。

酪農を営みながら林業をするヨハン・オーファさんは、ロシアがウクライナに侵攻したあと、月額のガス代金は1500ユーロ（約22万円）まで急騰したと言います。

「1500ユーロは、ガスだけの価格。電気代はもっと高騰していて、ロシア危機の前と比べて2・5倍にまで跳ね上がりました」（オーファァさん）

電気もガスも他国から買い続けていたら、オーファァさんは農業を続けられなかったかもしれません。農業を営んでいるために一般家庭よりもエネルギー消費が大きいからです。

しかし、オーファァさんは地域の資源をエネルギーに変えることで、大きなダメージを受けずに済みました。

「設置に多額の費用が必要でしたが、2年もかからずに回収できる予定です。それほどエネルギー価格は高騰しています。これからは何でも自分で作らないと生き残れないでしょう」

オーファァさんは地域に4カ所あるボイラー施設に木質チップを供給し、40軒の家屋に熱エネルギーをシェアしています。林業家としてはチップの販売収益があり、熱売上の割当分も手元に入ります。熱を自給できるので一石二鳥どころか一石三鳥となっています。森林組合のマックスさんは言います。

「地域熱暖房システムは品質の悪い木も販売できるのが利点です。お金を地域に循環させることができています。もっと小さなシステムとしては、農家が隣の家に供給しているものもあります」

日本では、ガス会社から燃料が送られ、各家庭にあるボイラーで湯を沸かすのが一般的です。ただ、日本国内で消費される天然ガスの約97％は外国から輸入されていて、日本は中国に次ぐ世界第2位の天然ガス輸入大国です。

天然ガスをその産出国から安く大量に輸入し、それを各家庭に送ることはコストとして安いかもしれません。しかし、戦争や大規模災害が発生すれば、価格は高騰し、家計を直撃します。

一方、オーストリアの農山村では、農家や林家が自らボイラーを設置し、材料を燃焼させて温水を作り、各家庭に循環させて暖房などの熱エネルギーを確保しています。施設規模は小さくても熱源は各地域にあり、地域の人たちによって管理されています。燃料となる木材も地域の中で調達され、熱エネルギーの購入代金は地域の人に支払われるので、地域の中でお金が循環する仕組みになっています。「一極集中」ではなく「地域分散」。不測の事態による燃料価格の高騰に悩まされているオーストリアの住民にとっては、後者のほうがよりリスクの少ない選択肢になっています。オーファァさんは、こうも話します。

「戦争が起こってから、みんながエネルギーを自給する動きにシフトしています。いろいろなものの価値観が変わってきています。農業は一度やめて放っておいたら、元に戻すことはできません。将来の自分たちにとって、今取り組み始めていることに将来ものすごく価値が出てくる気がします」

ヨーロッパの林業と今の日本の林業との違い

オーストリアの林業家を訪ねてみると、農山村の中に豊かさが感じられます。今回訪問した農家兼林家も、3世代あるいは4世代が同居していて、子どもたちは両親や祖父母が代々引き継いできた自然とともに生きる暮らしを、将来は自分が引き継ぐことを楽しみにしているのが印象的でした。

オーストリアは農山村に住む人々の暮らしを守るため、多額の補助金を投入しています。中山間地で農業や酪農をすることが多いオーストリアでは、ドイツのように平野が多い国に比べて農業や酪農の分野でコスト面で太刀打ちするのは難しく、農家所得に占める公的助成の割合は4割を超えています。中山間地のような条件不利地域ではさらに公的助成の割合が高くなります。

一方、日本では農家への所得補償の割合は少なく、10~15%程度だと言われています。また、公的助成を受けられるのは規模を拡大した農家が中心で、小規模な家族経営の農家への補助金はほとんどありません。規模の大きさで補助金の対象外になるという状況は、さまざまな制約によって補助金を受けるのが難しくなっている自伐型林業者と同じです。

今回のヨーロッパ視察を通じて感じたことは、日本の林業政策はオーストリアやドイツで実施されている政策の一部のみを輸入して制度化していて、日本の林業にとって最適な選択になっていないと思われるということです。調査を進める中で、具体的には以下のような感想を持ちました。

◎高性能林業機械による施業は効率的な林業とは言えない

確かにオーストリアやドイツでは高性能林業機械が使用されていますが、大規模面積の皆伐は、キクイムシによる虫害や風倒木の処理などの場合に限られています。そういった被害対策のための大面積皆伐が、ドイツやオーストリアの木材生産量の多さの要因になっています。

◎「道幅の広い林道」は日本には適さない

高性能林業機械を使用するには、幅３メートルあるいは４メートルを超える幅の林道や作業道が必要です。しかし、急峻な地形が多いとされるオーストリアでさえ日本の山に比べるとなだらかな地形で、そもそもオーストリアやドイツは降水量が少ないので、大雨による作業道の崩壊の危険性を現地の人はほとんど考慮に入れていません。それなのに、オーストリアやドイツで敷設されている作業道と同じものを雨量の多い日本の森林に通せば、作業道から山が崩壊するのは当然です。日本では、台風発生時の豪雨や暴風にも耐えることのできる作業道を敷設して、森を作っていかなければなりません。

◎天然更新による「明るい森」を日本で実現するのは難しい

オーストリアやドイツでは、植林よりも、天然更新による森林の再生と循環を重視しています。ただ、トウヒは薄暗い森であっても天然更新しますが、ブナやナラなどの広葉樹は森の中に光を入れる必要があり、木と木の間の距離を広げる間伐をしなければなりません。しかし、森の中に広い空間が生まれると、そこが風の通り道となって土壌が乾燥する原因となり、風倒木の危険性が高まります。台風による暴風雨に襲われる日本列島では、「明るい森」は風倒木のリスクが高く、現実的ではないでしょう。事実、ヨーロッパを真似て過剰に間伐をした日本の森林では、土砂災害や風倒木が頻発しています。

◎木材のエネルギー使用は「熱」が中心であり、メガバイオマス発電は少ない

オーストリアは日本と同じ「水と森の国」ですが、再生エネルギーに関しては、オーストリアでは「電気は水力発電、熱は木質バイオマス」という形で利用方法が違っています。しかし、日本ではオーストリアのような「地域熱暖房システム」の普及は遅れている一方で、大規模な

バイオマス発電所がたくさん建設されています。

過去にはドイツでも大規模なバイオマス発電所が建設されましたが、発電に大量の木材が必要であることから経営難に陥る施設が相次ぎ、現在では新規建設は停滞しています。そういった失敗例を無視して大規模なバイオマス発電所を次々と建設した日本では、発電所の周辺地域だけでは燃料となる木材が足りず、外国から輸入した木材を燃やして発電を続けている状態です。「小規模・分散型の熱供給システム」がオーストリア林業の強さを支えているのに、日本ではそのことが軽視されています。

もちろん、オーストリアやドイツの制度が完全なわけではありません。ドイツやオーストリアが加盟しているＥＵでは、中山間地域の小さな農家を守る政策をとっていますが、一方で環境保護のための規制が厳しすぎるとの批判もあります。

ＥＵは現在、市場に出した木材が違法に伐採されたものではないかどうかを証明するよう、林業家に求めています。これは、「デューデリジェンス（適正評価手続き）の義務化」と呼ばれる仕組みです。ただ、さまざまな機械を使って木材の生育状況を記録していくのは林業家にとって大変な労力で、小規模・家族経営の林家ではそれにコストがかかりすぎて林業をやめる人が続出するのではないかと懸念されています。ＥＵは加盟国の林業関係者から強い反発を受け、２０２４年10月にはデューデリジェンスの義務化を1年間延期しましたが、こういった環境規制の強化は今後も続く見通しです。

世界で再評価される家族・小規模経営の農林漁業

気候変動、過去の林業政策からの転換、新しい環境規制への対応……。課題は山積していますが、正解が見えない時代だからこそ、農山村に暮らす人たちが、自分たちで考え、自分たちで実践していくことが重要なのではないでしょうか。

今、世界では「家族農林漁業」を再評価する機運が高まっています。2017年の国連総会では、2019~2028年までの10年間を「家族農業の10年」と定め、国連加盟国や関係機関に対し、食料安全保障確保と貧困や飢餓の撲滅に貢献している家族農業を推進するよう求めています。

家族農業は、英語で「Family Farming」。国連はその定義を「家族が経営する農業、林業、漁業・養殖、牧畜であり、男女の家族労働力を主として用いて実施されるもの」としています。国連の統計によると、世界の農場の90%以上、あるいは15億戸以上は、家族または個人によって経営されています。また、家族農業が保有する世界の農地の70~80%で、世界の食料の80%以上を供給しています（価格ベース）。「家族農業の10年」は、そういった小規模の農林漁業者を守ろうという国際運動です。

オーストリアでは、０～５ヘクタールの山林保有者の数は全体の43％、５～20ヘクタールは42％にのぼり、全体の85％が小規模の山林所有者です。ちなみに日本の山林所有者が保有する面積は、０～５ヘクタールが全体の74％、５～20ヘクタールが21％です。オーストリアも日本も、小規模で家族経営の林業者が主流であることを忘れてはならないと思います。

前項で紹介した「地域熱暖房システム」によって農業と林業の両立を目指すヨハンさんは、こう言っていました。

「こういう時代だからこそ、エネルギーも食料も、自給自足に戻そうとしているんですよ」

林業の本質とは、その地域に住む人々が、自分一人のためではなく、将来の世代に引き継ぐ森を育て、地域の暮らしを支える基盤を作ること。これは、欧州でも日本でも同じではないでしょうか。

「大型機械による施業」と「明るい森」の暗く危険な現実
～ドイツ・オーストリア林業見聞録2024～

自伐型林業推進協会代表理事　中嶋健造

ドイツ・オーストリアは第二次大戦後、山林所有者である自伐林家を支援し、自伐林家が増えることで生産量を増やし「林業先進国」と言われるようになった。この事実は大きな成果であり、諸背景は違えど日本も真似すべき重要な点と考えていて、現在でも変わらない。非皆伐施業もその延長線上で辿り着いたはずである。

しかし、その非皆伐施業が主流なはずが、移動中の列車から見える山林は「ハゲ山」だらけなのである。狭いものから広いものまで次から次へと目に入ってくる。広いところは数百ヘクタール?……。そして駅で列車を待っていると、原木を満載に積んだ貨物列車が何十車両も連結して次から次へ通過していくのだ。

最初の視察箇所で行政職員のフォレスターから説明があった。トウヒ人工林にてキクイムシ被害と風倒木被害が至る所で発生して大きな問題になっているとのこと。キクイムシ被害は、林内や土壌が乾燥状態になるとトウヒの免疫力が低下する。免疫力低下したトウヒはキクイムシの食害を受け人工林が一斉に枯れる。その乾燥状態を引き起こしているのは地球規模の気候変動だという。

また気候変動により風が強まり、根が浅いトウヒは耐えられず風倒木がいたる所で発生しているのだと。つまり根本原因は気候変動であると言うのだ。被害山林は補助金が出て一気に処理されるようで、駅で見た原木を運ぶ貨物列車はその光景なのである。それが、今のドイツ・オーストリアの空前の素材生産拡大になっている。この処理作業が拡大するに従い、請負事業体と大型機械のハーベスターも激増しているとのことだ。

これは大変な危機なのだが、被害山林周辺を視察していると、全山林が被害を受けているわけではない。トウヒ人工林の中でも未整備林と若齢林の多くが被害を受けていないのである（広葉樹林も被害を受けていない）。その林内は樹木の間隔が狭く混み合っていて暗い。林床には苔などが生えている。つまり未整備林や若齢林は混み合っていて暗いため、土壌や林間が乾燥していないのである。また風も入りにくいので、残っているということだ。この被害を受けていない山林は気候変動の影響を受けているが「耐えている」と判断できる。

被害山林に加え、ハーベスターが稼働している山林と天然更新に入っている山林も視察させてもらった。これらの山林で、真っ先に感じた印象は「過間伐」「明る過ぎる森」である。現地フォレスターたちも「ハーベスターが導入されてから列状的に伐られ間伐率が上がった」と言っていた。さらに天然更新を可能にしようとするとさらに間伐率を上げるという状況になっているのだ。

私は日本の各地で強度間伐が実施された人工林に（今では普通の間伐になっている）、太陽光が入り過ぎて土壌乾燥が発生して成長不良や枯れるヒノキ林、また強風が林内に入り風倒木になるスギ・ヒノキの人工林を数多く見てきた。土壌乾燥や風倒木の主原因は伐開幅の広い作業道が敷設された上に3割以上の列状等の強度間伐が実施された人工林で発生しているのだ。現在さらに激増している。ゆえにドイツ・オーストリアの被害を受けていない人工林を確認した時に「被害の主原因は気候変動も一つの原因だが、長年実施されてきた高密に敷設された林道と強度間伐、特に強度間伐が主原因である」ことを確信したということだ。

現地は被害対策としてトウヒから、キクイムシに強いモミへの樹種転換や、広葉樹への転換や混交林化を実施し始めている。私からすると「その前にやることがあるだろう」と言いたい。「ハーベスター依存からの脱出」と「天然更新の見直し」だ。ドイツ・オーストリアの山林は丘か平地が多く、自伐林家も多い。2・5メートル幅の作業道を敷設すれば小型機械（3トンユンボ・2トントラック）で、弱度間伐の繰り返し（多間伐施業）を余裕で実施できるだろう。機械コストや燃料代は劇的に減少する。低質材であっても採算は合うだろう。これが最良の対策〝答え〟だと。

ドイツ・オーストリア林業を真似た2010年以降の日本林業も同様の被害が出ている。さらにヨーロッパでは起きていない土砂災害まで引き起こしている。ドイツ・オーストリア林業の最良の対策は日本林業にも最良の対策だと考えている。これを実現させるために、さらなる努力をしなくてはいけないと、つくづく実感させられたドイツ・オーストリア林業視察だった。

第6章

自伐型林業の今とこれから
泉英二愛媛大名誉教授の提言

森林資源に恵まれ、古くから森とともに生きてきた日本人の歴史の中で、現在広がりを見せている自伐型林業はどのように位置付けられるのでしょうか。本章では、日本の林業の歴史や林業政策について研究し、近年は自伐型林業の可能性に注目している泉英二愛媛大名誉教授に、「自伐型林業の今とこれから」について寄稿をいただきました。

「戦後」といっても80年も経ってしまい、第二次世界大戦を軸に「戦前」「戦中」「戦後」という時代区分もほとんど見られなくなりました。ただ、森林・林業関係は、タイムスパンが長いので、現在でもこのような時代区分が有効な面もあります。

ところで、森林・林業関係の政策については、外から入ってくるととても分かりにくいこと、理解しにくいことが多いと思います。

そこで、いくつか事前に理解しておいたほうがよい概念、対立軸といったものを整理することから第1節をはじめます。

第2節では戦後の林野庁の森林政策の流れを整理し、さらに第3節で自伐林業運動が展開する中で、その政策的位置づけの変遷を整理します。その上で、自伐林家や自伐型林業の現代や近未来における意味・意義について私見を述べます。最後に補足として、約10年前に書いた

「『自伐林業運動』の経緯と現段階」をコラムとして再録しました。今でも参考になることが多いと思ったからです。

第1節　概念、対立軸の整理から始めよう

森林の経済的（木材生産）機能と公益的（環境）機能

①森林が持つ働き（機能）をどうみるか

森林の働きについては、伝統的に森林の経済的（木材生産）機能と公益的（環境）機能に大きく2区分されてきました。公益的（環境）機能については、「森林法」は保安林として水源涵養、土砂流出防備、土砂崩壊防備など11種類を掲げています。

また、「森林・林業基本法」は、森林の多面的機能として、林産物供給機能のほかに、①国土の保全、②水源のかん養、③自然環境の保全、④公衆の保健、⑤地球温暖化の防止の5つの機能を挙げています。これら5つの機能が公益的（環境）機能にあたると考えられます。

泉英二（いずみ・えいじ）
1947年、島根県生まれ。京都大学農学研究科修了。農学博士。愛媛大学農学部長、副学長などを経て、現在は同大名誉教授。現在は、国民森林会議提言委員長や一般社団法人大和森林管理協会代表理事を務める。専門は、森林・林業政策、林業史

②経済（生産）と公益（環境）の2つの機能は対立するものか

経済（生産）と公益（環境）は、トレードオフの関係（あちら立てたらこちら立たず）ということが一般的です。高度経済成長期には、経済性を追求するあまり、「公害垂れ流し」の事態を招きました。

ＥＵは世界でもっとも環境重視ですし、トランプ大統領によって米国は経済重視で環境政策は後退するでしょう。

このような経済と環境の対立の解消を目指したＳＤＧｓ（２０１５年国連総会で満場一致で採択された）は、「社会、経済、環境の統合」を目指しています。このことの意味はきわめて巨大です。どうして巨大かというと、本来、「経済」と「環境」は相反する面を強く持っているわけですが、それを「社会」も含めて「共存」させようというのです。ＳＤ（sustainable development＝持続可能な発展）という概念は、現在世代だけでなく「未来世代」にもしっかり配慮するという点が強調されますが、実は、対立しがちな「経済」と「環境」を両立・共存させようというところにも大きな意味があるわけです。

③森林における経済（生産）と公益（環境）の2つの機能は対立するものか

森林の取扱い方がきわめて重要です。粗雑な短期的経済性優先の施業（例えば荒い間伐や皆伐）を行えば、森林の公益的（環境）機能は大幅に減少し、その回復には長い年月が必要となります。極端な場合、皆伐後の土砂崩れなどにより森林に戻らないケースもあります。

10年ほど前から日本の林野庁は50年生前後で人工林は成熟するとして、短伐期皆伐方式を推進していますが、これは公益や環境よりも経済性を優先させるもので、この施業方式は森林の持つ国土保全機能、自然環境保全機能、地球温暖化防止機能などを大きく損なう危険性をはらむものです。

やはり、皆伐などの粗雑な森林の取扱いの場合には、経済（生産）と公益（環境）の2つの機能を両立することはきわめて困難です。

④ではどうすればよいのか（1）「ゾーニング」

経済（生産）と公益（環境）の2つの機能の両立が困難であることを前提にして、森林を生産林と環境林とに大きく2つにゾーニングするという考え方があります。

この考え方は、①たいへん分かりやすいこと、②環境林を明確にすることにより、そこへの公的資金投入の説明が容易になること、といったメリットがあります。

しかし、生産林については、①経済性追求が許されるため、皆伐再造林政策の対象になりやすいこと、②それにもかかわらず、現実には生産林といえども手厚い補助金なしでは成立していないこと、というのが実態です。

⑤ではどうすればよいのか（2）「持続可能な森林管理（経営）」

１９９２年にリオデジャネイロで開催された「地球サミット」時に持続可能性（サステナビリティ）の考え方が提唱され、森林原則声明では、「森林は、現在及び将来の世代の人々の社会的、経済的、生態学的、文化的、精神的な必要を満たすため持続的に経営されるべきである」と定式化されました。持続可能性の概念には、①現在世代だけでなく将来世代への配慮が入っていること、②経済や開発が、社会、環境、文化などと調和することが求められたこと、などが特徴となっています。

この２番目の特徴は、その後２０１５年のＳＤＧｓにおいて示された、「社会、経済、環境の統合」という考え方につながります。これは相反しがちな社会や経済、環境を鼎立させようというものです。

そうすると、「持続可能な森林管理（経営）」というものは、森林の経済（生産）機能と公益（環境）機能を対立的に認識するのではなく、それらを「両立」させることを目指すことになります。

このようなことは可能なのでしょうか？　実は可能なのです。日本の森林施業を例にとっていえば、かつての「スギ・ヒノキ長伐期多間伐施業林」、「クヌギ・コナラ萌芽更新林」や「スギ択伐施業林」などはこれにあたるものといえるでしょう。

⑥「林業における予定調和論」

ここで少し注意しておきたいのは、「林業における予定調和論」と呼ばれる考え方についてです。

これは、「生産のためのよい施業を進めていけば、自ずと公益（環境）機能も十分に発揮される森林となる」という考え方です。日本の「森林法」や旧「林業基本法」、さらに、現行の「森林・林業基本法」に貫かれているこの考え方は、一見すると、森林の経済（生産）機能と公益（環境）機能を「両立」させるようにみえます。しかし、この考え方が成り立つためには、「生産のためのよい施業」を実施することが絶対条件です。現在主流となっている荒い間伐や皆伐という施業方式は、「林業における予定調和論」に該当しません。

⑦まとめ

森づくりを考えるときに、その前提となる森林が持つ二つの機能である「経済・生産」と「公益・環境」の機能について、十分に理解する必要があります。これらは対立しがちであることから、ゾーニングという手法で場所的に棲み分けを図るやり方があります。また、「経済・生産」と「公益・環境」を対立させるのではなく、高いレベルで「両立」させる施業方法を選択する道もあります。

高いレベルで「両立」させる場合は、今の制度的枠組みではきわめて困難であり、国や自治体の森林・林業政策を大きく転換させる必要があります。

国の政策について（概念、対立軸）

①「大きな政府」と「小さな政府」

自由主義陣営、民主主義陣営の国の政策については、「大きな政府」と「小さな政府」という2つの流れがあります。「小さな政府」とは、「経済に関しては、あらゆることは市場に任せておけばうまくいく」ということで、国家は市場に介入せず、国防、外交、警察などの限られた分野だけを担当すればよい、という考え方です。ですから、財政規模も官僚の数も小さくなります。これに対して、「大きな政府」とは、市場は凶暴であり、景気変動や恐慌をもたらし、貧富の格差が拡大・固定化し、社会が社会主義化しかねないとして、政府が積極的に市場に介入し、景気変動や恐慌を回避し、国が主導して社会を安定的に成長させるというものでした。金利は国が決め、税金だけでは足りないときに、国債を発行して、公共事業投資に回して景気を浮揚するなど、国家が経済をはじめとする各部門を統括する仕組みを構築しました。ですから、財政規模や公的セクターの人員は大きくなります。また、国民負担も大きくなります。

戦後には、この「大きな政府」に基づく政策が先進各国で採用され、各国は統制された経済成長を謳歌しました。ただし、この「大きな政府」は、社会主義陣営と対抗するため、高コストな体質を持っていました。それが国の財政難につながっていきました。しかし、１９８０年頃から社会主義陣営が弱体化したため、「大きな政府」に頼らなくてもよくなり、イギリス保守党やアメリカ共和党は「小さな政府」を主張するようになっています。米国のトランプ大統領は徹底した「小さな政府」論です。

現在の日本は、基本的には「大きな政府」論に基づいています。森林・林業・林産業・山村政策は、産業としての林業が不振を極めているため、国（林野庁）の存在感が著しく高まっており、「補助金に依存しなければ生きていけない」状況が続いています。

それでは、林野庁の政策はどのように組み立てられているのでしょうか。

②産業（振興）政策と環境政策・地域政策

国の政策の分類法にはいろいろありますが、林野庁の政策を整理するには、とりあえず「産業（振興）政策」と「環境政策・地域政策」という区分が適切です。

これは、森林の持つ経済（生産）機能と公益（環境）機能に対応しているものといえます。このような区分からすると、今の林野庁の政策はどのように分類できるのでしょうか。

すでにみたように、日本の森林法制は、「林業における予定調和論」に基づいています。これによれば、林業という産業を振興する政策を実施すれば、森林の公益（環境）機能も増進するという考え方です。この考え方は「よい施業を進める」ことが前提条件となっています。この前提条件さえ達成できていれば、森林の環境保全機能の増進も可能となるわけです。ですから、「よい施業を進める」ことに補助制度などを集中するならば問題は発生しません。しかしながら、実態は、荒い間伐や皆伐などを推進する方向に補助金を使用しており、予定調和論の前提条件が満たされていません。

現在、法制的建前と実態に大きな乖離のあることが日本林政の最大の問題点といえます。日本の森林法制が「林業における予定調和論」に基づいていることによるさらなる問題点は、森林に関する独立した環境政策や地域政策を打ち出せないことです。ヨーロッパでは、WTO対策として、農業や林業などに対する産業（振興）政策と環境政策・地域政策を「分ける」（デカップリング）ことが一般的で、その結果、「直接支払」制度が編み出され、「条件不利地域政策」「環境支払政策」などが展開しています。

本来の予定調和論は、生産と環境の両立（カップリング）を目指すものですが、現在の日本では林業の予定調和論は林野庁に悪用されている状況が続いているので、環境的によい施業をすることや地域に住み続けることへの「直接支払」（デカップリング）を要求していくことが重要な政策提言となる時期といえます。

③「大経営」と「小経営」

農業や林業において、経営を担うのは、「大経営」なのか「小経営」なのか。この対立軸もきわめて重要です。この「大か、小か」という議論を林業に引き寄せてみます。

高度経済成長期の１９６０年代以降、林野庁の政策は、零細で分散している私有林については、それを森林組合にまとめさせて施業を実施するという方針（当初は「団地共同森林施業計画」、後に「集約化」）が一貫していました。そのことによって経営規模の拡大を図り労働生産性を向上させようというものでした。

この路線は、その後、森林組合が市町村に変わり、林道・作業道と大型高性能機械化の導入といったことはありましたが、60年以上を経た現在でも規模拡大、生産性向上といった基本的な構図はまったく変わっていません。

ですが、このように長年にわたって実施してきた政策は成功してきたでしょうか。一部の素材生産業者や加工業者は儲けていますが、森林所有者にはほとんど還元されず、現在では、「放置林」が主流となっています。施業をしても結果的に「山荒らし」となってしまっています。民有林における大規模化には大きな予算がつぎ込まれてきましたが、あまり成果はなかったと評価せざるを得ません。また、大規模所有・経営の雄は国有林ですが、これもうまくいっていません。1兆円を超える債務を返済するために、すでに民有林より弱体化している森林資源をさらに食い潰しているのが現状です。産業としての林業も成立していませんし、予定調和論に基づく林業もほとんど存在していません。

このような状況にあって、これまで虐げられ無視されてきた「小規模林業」「家族複合経営林業」が、①本来、自然や環境と調和する林業として最適なものであることを改めて科学的に明確にし、②それらの存立基盤をしっかりと政策的に支える（産業政策ではなく、環境政策や地域政策として）ための政策提言が重要となっています。

第2節　戦後林政の流れ

戦後の林野庁の森林・林業政策を簡単に整理しておきます。なお、文章にすると長くなるので、メモ書き方式で説明します。

戦後復興期（1945〜1960年）

1　時代背景

①戦時中の強制伐採で日本の山河は荒れ果てていた
・台風による大規模水害が多発した
・水害を防ぐため、荒れた山を緑化（=造林）する大運動が展開した
・強制伐採の尖兵を務めた森林組合は森林所有者から恨みを買い、活動は休止状態（睡眠組合）か、あるいは　苗木供給事業のみだった
②灰燼に帰した都市の復興が始まった
・小径木需要激増（ボロな木でもよいからとにかく家を建てる）
↓このことが、農家による短伐期のスギ・ヒノキ造林（植えて20〜30年もすれば伐って儲かる）の根拠となった
③農地改革（解放）が断行された。
・戦前に広範に展開した地主小作制は壊滅し、小作農が自立した
・自作農となった農家は、農閑期に発生する余剰労働を裏山や共有林の造林にあてた（農

家造林の広範な展開）
・外貨がないため貿易に依存できず、国内資源によって立国する必要があった
↓資源を持つ農山漁村が食料や林産物を供給することができたため、疲弊していた都市
と比較すると当時は豊かであった

2 林野庁の政策

①1951年に新たな「森林法」が制定された
・アメリカから「森林計画制度」が導入されるが機能せず
・森林計画制度を動かすことが林野庁のその後の悲願のひとつ
②当時の具体的な政策内容としては、きわめて単純で、スギ・ヒノキの造林助成のみと
いってよかった（cf.農政は食糧増産のみ）
↓その結果、現在の約1千万ヘクタールの人工造林地のかなりの部分がこの時期に形成
された

高度成長期（1961〜1975年）

1　時代背景

①朝鮮戦争（1950〜1953年）により、日本の工業が復活した
・日本が後方支援基地となり、何を作っても売れた
・1957年の白書に「もはや戦後ではない」との表現

②高度経済成長を支えたもの（1ドル＝360円）
・今から考えれば信じられないほどの超円安だった
↓輸出しやすく、輸入しにくい
↓原料を途上国から輸入し、日本で加工し、アメリカへ輸出

③高度経済成長を支えたもの（石油1バレル＝2ドル）
・現在（1バレル約70〜80ドル）から考えれば信じられないほど安かった
↓巨大な国内石炭産業をスクラップし、石油に転換した
↓地方港に石油を輸入し、石油化学コンビナートを各地に建設した
↓全国に都市ガス、プロパンガスが普及した

↓農山村にもプロパンガスが入り、薪炭林を放棄することになった

④高度経済成長を支えたもの（安い労働力の豊富な存在）
・大都市を中心に大量の労働力需要が発生した
・農山村には豊富な労働力が存在していた
↓植民地からの引き揚げ者（寒村へ開拓に入っていた）
↓農家の二・三男（分家できずに問題となっていた）
↓中卒者の都市での就職（夜行就職列車）
↓農家当主の出稼ぎ（東日本）あるいは通勤兼業（西日本）

⑤木材需要が激増した
・国有林（全森林の3割強）の伐採を大きく増やした
・奥地天然林の大面積皆伐とスギ・ヒノキ人工造林
・需要のなくなった里山薪炭林の皆伐とスギ・ヒノキ人工造林
・しかし、国産材ではまかなえず、1962年の1年間で木材価格は2倍に達する
↓その結果、外材輸入の激増を招く。木材自給率は1955年にはほぼ100%だったものが、1975年には40%を割るまでになっていた

⑥高度経済成長の終焉

・日本の高度経済成長期を支えた「円安」（1ドル＝360円）は1971年のニクソンショックで1ドル250～260円となり、原油安は1973年第一次オイルショック、1978年からの第二次オイルショックで1バレル当たり2ドルから18ドルとなった。また、高度経済成長期を通じて賃金は上昇するとともに、円高に伴って国際比較賃金は割高になった

↓高度経済成長を支えた要因がすべて崩壊した。

2　林野庁の政策

①農林漁業基本問題調査会設置（1959～1960年）

・高度経済成長を予見し、それに対応する農林漁業、農山漁村をどう構築するかが課題となった

・1961年に「農業基本法」が成立した

↓農業の担い手は、少数の「自立経営農家」（大規模化）とする

↓余った農家は農業をやめて都市へ行く

・林業の担い手は「家族経営的林業＝農家林業」

↓この考え方は、本省の事務官が農業とセットで構築したものだった

↓この考え方は、「林業は大規模でないと成り立たない」という林学の常識に反するものだった。林学出身の林野技術官僚は猛烈に反発した。「林業基本法」は直ぐには制定されなかった

②2つの優れた林政論

❶森林組合担い手論（1962年、林野庁森林組合課）

・当時、森林組合は「睡眠組合」といわれていた

・そのような森林組合に、集材機、チェンソー、刈り払い機などをセットで補助しようというもので、画期的な政策だった

・その考え方とは、仮に4ヘクタールの森林所有者7人が集まれば約30ヘクタールの経営面積となり、それは機械化された通年雇用型の作業員だと2人で経営できる。その2人を森林組合が労務班として雇用する。残る5人は他産業へいけばよい

・この考え方は、経営規模拡大論、機械化による生産性向上論である

・この考え方は、農家林業担い手論を否定するものだが、後の林業基本法制定後の林政の主軸となる

❷林業産地形成論（1962年、森田学愛媛大学助教授）

・柑橘など農業で盛んになりつつあった産地形成論を林業へ応用する
・当時の山元の林業地と川下の製材産地は、それぞれの内部で農家も製材工場もバラバラに勝手に動いていた。それを、山元の林業地、川下の製材産地のそれぞれの内部の組織化を図ると同時に、原木市場を通じて適正な関係を創出し、山元と川下のトータルな産地形成を行って消費地と対応する仕組みを構築しようとするものであった
・この考え方は、きわめて優れており、後に「地域林業」政策の時に生きることになる

③「林業基本法」（1964年）の制定
・「生産政策」とは、具体的には「拡大造林」（薪炭林・広葉樹林を皆伐し、人工造林すること）の推進であった
↓この拡大造林政策は1970年頃には終わるべきだった（大面積皆伐に反対する自然保護運動の勃興への対応として）が、何と1987年頃まで継続してしまった。政策転換の遅れ
↓造林不適地（亜高山帯等）まで造林し、その後の手入れ不足により「不成績造林地」が発生。下刈りせずに除草剤を散布して問題となる
・「担い手政策（＝構造政策）」とは、今後の林業を担う主体を定め、そこへ政策的支援

を集中することである
↓「林業基本法」では、農家林業、大経営、森林組合の名目的な並立
↓実際は、森林組合担い手論となり、農家林業論は大幅に後退した
・基本法制定により、新たに「林業構造改善事業」が実施されることになったこの事業が
基本法林政の推進手段となる
↓予算の7割は林道開設、2割は森林組合育成に使用された
↓農家林業対策としては、椎茸乾燥機の導入程度だった

④農家林業の対応
・並材（外材代替可能材）の価格停滞
・外材代替不可能材（無節柱材、磨き丸太材）が高価格実現
↓農家林業で意欲のある人は、優良材生産（枝打ちと除伐）に取り組む。最先進地は、
愛媛県久万林業だった（指導林家の岡、秋本、相原は御三家と呼ばれた）。全国から
視察が殺到した
↓当時は、枝打ち林業段階だった（1975年頃まで）。磨き丸太の価格低下と枝打ち
対象林分（20年生頃まで）の減少で枝打ちは減少

・１９７５年頃から収入間伐林業段階となる
↓久万の西岡が苦労の末に、１９７０年頃に林内作業道（１・５メートル幅）とゴムキャタピラの林内作業車を組み合わせる作業方式を新たに開発した
・これまで農家林家は植えて下刈りまでだった。伐採搬出は業者任せだった。
↓林家が伐採し、搬出まで行うことは画期的なことだった。「山はよくなるし、１日１万円の収入にもなる」ということで、この作業方式は爆発的に普及した。愛媛県上浮穴郡久万町、小田町だけでも林内作業車が数百台導入された。自伐林家の成立といえる
・農家林業は、国の主たる政策対象からは外れたが、元気に頑張っていた

低成長期（１９７６〜１９９５年）

１　時代背景

①高度経済成長の負の側面の露呈
・メドウズら「成長の限界」（１９７２年）。このままでは世界は破綻する
・熱帯雨林伐採への反対運動が国際的に盛んとなる

・日本国内では、公害反対運動、自然保護運動が展開された

②1980年プラザ合意（先進5カ国蔵相・中央銀行総裁会議）

アメリカの対日貿易赤字を減らしドルを守るための為替レートの抜本的調整を行うこととし、円高へ誘導した。その結果、1ドル＝150円程度と極端な円高となった。円高に導いた結果、物価と賃金はマイナスへと落ち込み、貿易では農林水産物も、鉱工業製品も、日本人労働力も、全ての日本産品は競争力を相対的に失い、それまでの経済成長リズムの瓦解へ繋がった

〔政策的対応〕

↓省エネ・省資源への積極的投資

↓重厚長大型産業構造から軽薄短小型産業構造への転換

↓輸出に頼らない内需中心への転換

〔実態〕

↓国債の大量発行開始と公共工事の拡大で景気維持

↓中国が市場経済へ移行（1978年〜）したのと同時期だったため、中国の安い労働力を目当てに企業の海外進出と大規模な工場移転が進む

↓その後、東南アジアに進出した

↓企業の国内投資が減少し、国内産業が空洞化し、雇用力が低下した
↓就職氷河期、団塊ジュニア、ロスジェネ世代の登場
↓一部の人が、森林ボランティア活動等から、農山村・林業に向かう動き
↓中国産品（筍、栗、椎茸等）の輸入が激増し、日本の農山村に大打撃

2　林野庁の政策

①地域林業政策、流域林業政策の推進
・地域林業政策は、担い手に森林組合を据えるが、成功しなかった
・流域林業政策（1992年〜）は、市町村を担い手として関係者の協議会方式を取るが、これも機能しなかった
↓方向性は間違っていなかったが、失敗の原因は既存施策の組合せという小手先対策に。根拠法を改正して取り組む意欲が林野庁になかった

②農家林業の見殺し
・農家林業は、建築様式の転換に伴って、優良材の需要が減少することで展望を失い、さらに特用林産物需要を中国に奪われたことで、意欲を喪失した。
↓林野庁は、水源税創設運動に集中し、本来やるべき円高対策やガットウルグアイラウ

ンド対策に力を入れなかった

・赤字の国有林対策と治山林道事業を重視しすぎた

衰退期／失われた30年（1996年〜現在）

1 時代背景

①いよいよ人口減少（少子高齢化）時代に突入した

・問題提起は以前からなされていたが、今に至るまでほぼ無策だった

↓課題は明確なのに「課題解決」できない日本政府の実態が明らかになった

②国内産業構造の空洞化が劇的に進行した

・企業の生産拠点は、全世界に広がった

↓海外の低賃金だけでなく、貿易摩擦回避も理由となった

・中国からの安い輸入品が激増し（後に東南アジア）、国内産業が苦境に

・GDPは横ばいだが他の先進国・発展途上国は上昇し、国際的地位は急低下

・国内農林漁業・農山漁村は安楽死への道を歩みつつある

③「小さな政府論」が台頭してきた

・「自己責任論」が蔓延してきた
↓貧富格差が大幅に拡大してきた
↓世代間の断絶と団塊世代の利益優先が顕著である
↓若者が希望の持てない国になった

2 林野庁の政策

①「林業基本法」が改正（2001年）された。
・新たな「森林・林業基本法」は、森林の「多面的機能」論を前面に打ち出して目先を変えているものの、その実現を林業という産業振興を通じて行うという条文構成になっており、実質的にこれまでの「林業における予定調和論」を踏襲した。だから、新法でなく旧法の改正にとどまった
↓新基本法の「多面的機能」論を評価する学者もいたが、それは誤りである
・この法律の大きな特徴は、川下の木材産業振興を重視したことである。
↓巨大な合板・集成材・製材工場を登場させたことは大きな成果と一般的には評価されている
↓しかしながら、これらの大規模工場の登場により、第1に、木材価格が低い水準で固

定されていること、第2に、これらの工場の大規模需要に対応するために、皆伐や荒い間伐などの施業が山元で蔓延したことなど、大きな負の側面があることを認識する必要がある

・「担い手」論としては、「森林組合その他の委託を受けて森林の施業又は経営を行う組織等の活動の促進」（第22条）、「効率的かつ安定的な林業経営を育成」「規模の拡大、生産方式の合理化、機械の導入」（第19条）が謳われた

↓「農家林業」だけでなく多くの森林所有者も政策対象から排除された

②2010年頃からの政策の特徴（荒い間伐と皆伐推進）

・川下大型木材産業への原材料供給を重視し、日本の人工林は既に「成熟した」として、「若返り」と謳って皆伐再造林を推進するとともに、間伐についてもこれまでの切捨間伐中心から搬出間伐への補助と大転換した。これが「荒い間伐」に結果している

・このような動きをさらに推進するために、2018年に「森林経営管理法」を新たに制定した

↓集約化の主体を森林組合から市町村へ移行した

↓森林所有者に森林管理の義務を課し、義務を果たさないものについては、経営権を剥

奪するという強権法である
↓「林業経営者」としては、素材生産業者を位置づける
・2019年には「国有林野管理経営法」を改正して、「樹木採取権」制度を新設した
↓長期の伐採権を設定して業者に売り渡すという方式である
↓既に森林資源が劣弱な状況の国有林をさらに荒らすことになる

〔補足〕
これらの林野庁の政策を批判的に詳しく検討したものに、2014年度以降の国民森林会議の提言書があります。同会議のウェブサイトに掲載されていますので、ぜひ参照していただきたいと思います。

・国民森林会議ホームページ
https://peoples-forest.jp/

第3節　自伐林家・自伐型林業は政策的にどう位置づけられてきたのか

「自伐林家」や「自伐型林業」は、これまで林野庁の政策としてはどのように位置づけられてきたのでしょうか。農家林業の林業担い手としての位置づけは、1964年の「林業基本法」における林業構造改善事業時代から決して高いものではありませんでしたが、農家林業自身はそれなりに頑張ってきたといってよいと思います。ただ、極端な円高となった1980年代からは急速に弱体化し始めました。

2001年の「森林・林業基本法」段階では、担い手の対象とはなっていません。ところが以下に示すように、2014年以降に突然、林野庁の各種公式文書に当初は「自伐林家」として登場し始め、やがて2021年には「自伐型林業」の用語が林業・林業白書に登場するまでになります。

このような林野庁の動きの背景には、中嶋健造さんたちの活動があったわけですが、それらの点については本章末のコラムを参照してください。

①「森林経営計画の改正について」（2014年1月）

従来の「林班計画」だけでなく、「区域計画」を追加。30ヘクタール以上と要件を緩和しました。このことを速水亨さんは、「自伐林業運動のせいだ」と述べています。

②「森林整備保全事業計画」（2014年度～）
（山村地域の活力創造）

「このため、地域の特性等を踏まえつつ、都市と山村との交流促進、自伐林家をはじめとする地域住民やNPO等の多様な主体による森林資源の利活用を進めること等を通じて」とあります。ここで「自伐林家」という用語が林野庁の正式文書で初めて登場しました。

③森林・林業白書
2013年版「森林・林業白書」では以下の記述が初登場します。

（林家が自ら伐採・搬出する新たな取組が拡大）

「このような中、近年の新たな動きとして、地域の複数の林家等が協力して、NPOとも連携しながら間伐を行い、収集・運搬した間伐材を地域の実行委員会等が買い取り、チップ工場にチップ原料やバイオマス燃料等として販売する取組が広がっている」

「森林・林業白書」では以下の通りです。

●2014年版

（森林整備の担い手）

「一方、地域の森林所有者が協力し、いわゆる「自伐林家」として自ら森林整備に取り組む事例もみられる」

●2015年版

（自ら伐採等の施業を行う「自伐林家」の取組）

「小規模な林家では、林業事業体に施業や経営を委託することが一般的となっているが、中には、農業など他の職業を兼業しながら、主に所有する森林において、自ら伐採等の施業を行う、いわゆる「自伐林家」もみられる。こうした林家では、主に自家労働により伐採等を行うことから、自家労働に見合う費用分が収入として残るという特徴がある」

※「自伐林家」に関する記述が充実してきました。　２０１４年が大きな転機だったといえま

す。２０１４年は自伐型林業推進協会が法人化された年です。

●２０２１年版

（コラム）自伐林家・自伐型林業の森林施業方法

「近年、自伐林家又は自伐型林業が、地域の森林整備や地域活性化の面から注目されている。自伐林家には明確な定義はないが、保有山林において素材生産を行う家族経営体に近い概念と考えると、約6600経営体であり、我が国の素材生産量の約1割（年間約180万立方メートル）を生産している。

さらに、森林を所有していない場合であっても、山林を借用し、又は施業を受託するなどして小規模な林業を行う、いわゆる「自伐型林業」の取組も各地で進んでいる。この自伐林家又は自伐型林業には、週末ボランティアや木の駅プロジェクトに少量の木材を出すようなもの、兼業、専業など、多様な林業経営の概念が含まれている。

主な作業システムとしては、伐採はチェーンソー、集材は①人力（滑車、ロープ等を使う場合もある）、②エンジン一体型のロープウインチ、③林内作業車によるウインチや軽架線を使う方法等があるが、NPO法人自伐型林業推進協会は、本格的な施業を行う場合、作業道を敷設して、間伐生産した原木を2トントラックか1～3トンの林内作業車で搬出・

運搬するシステムを推奨している。1人当たりの施業面積は限られるが、複数の者が協力することにより、より大きな面積の施業も可能となる。

同協会は、収入を向上させるためには丁寧な作業で森林を健全に維持していくことが必須条件であり、限られた森林から持続的に収入を得ていくためには、森林の成長量を越えない弱度な間伐生産を繰り返して、面積当たりの蓄積量を増やしていく長伐期・択伐（多間伐）施業が肝要としている。さらに、壊れない作業道を敷設して使い続けることにより採算性が高まるとしている。また、自伐林家の場合、自家労働を提供することにより収入を得るため、施業を委託するよりも黒字化しやすい。

長伐期・択伐施業については、奈良県の吉野林業や三重県熊野市の「なすび伐り林業」等、古くからの林業地や林家で行われており、吉野では、山守が山林所有者の森林を管理し、密植と弱度な間伐を繰り返し、長期にわたり優良材を生産してきた。同協会は、吉野の林家等からも学び、自然条件に合わせ、間伐等により林内に入る風・雨・光をコントロールし、管理する森林の持続性を担保することが重要であるとしている」

※森林・林業白書のコラムにこのように長文で自伐林家と自伐型林業が紹介されたのは、初めてのことであり、画期的なことだと評価できます。また、同じ白書に以下の記述があります。

「いわゆる自伐林家や自伐型林業を含め、事業量の少ない林業経営体の場合、高性能林業機械を導入しても稼働率を高めることは難しく、コストも割高となる。このため、少ない木材生産量に合わせた設備投資の小さい作業システムを用いることが合理的な選択となる」

「自伐林家や自伐型林業等、自営の場合であっても、労災保険の特別加入制度を活用し保険に加入するなど、不測の事態に備えることも重要である」

「さらに、町、消防、森林組合等関係者が連携し、自伐林家等で一人で林内作業を行う人も救助要請ができるよう救助に必要な情報をあらかじめ町に登録するなどの体制整備を進めた」

「森林経営計画の作成には一定以上の面積が必要となるが、市町村森林整備計画において定められる区域内で30ヘクタール以上の森林を取りまとめた場合等に作成することも可能であり、森林組合によるもののほか、森林所有面積の小さい自伐林家が集まるなどして作成した例もみられる」

④「森林・山村多面的機能発揮対策交付金」（２０１４年度〜）

「地域住民、森林所有者、自伐林家等が協力して行う、以下の取組を支援します。また、活動組織に対する安全講習の開催など地域協議会の機能強化を支援します。（1）地域環境保全タイプ、（2）森林資源利用タイプ（3）教育・研修活動タイプ（4）森林機能強化タイプ　（5）機材及び資材の整備」

⑤林政審議会（２０１５年11月議事録）

・鮫島会長

「自伐というのは、やっぱりその辺も十分に意識して、里山ということも言っておられましたけれども、何かもっと山というか森を総合的に使って、そこで色々な業を営んでいくと。何か大規模集約という方向、もちろんそれはそれで大事なんですけれども、もう一つの道はやっぱりあるんじゃないかなと思うんですね。だから、そっちでやはりやっていくというのも考えるべきじゃないかなと思うんですが、いかがでしょうか」

⑥**森林・林業基本計画（２０１６年５月閣議決定）**

（１）望ましい林業構造の確立

「なお、自己所有森林を中心に専ら自家労働等により施業を実行する林家等については、地域の森林・林業を効率的かつ安定的な林業経営の主体とともに相補的に支える主体として捉え、伐採に係る技術の習得や安全指導等への支援を図る」

※この段階で、自伐林家については、従的ではあるが、主体として認められました。当時としてはこれだけでも画期的なことでした。

⑦**森林・林業基本計画（２０２１年５月　閣議決定）**

（イ）林業経営の主体

専ら自家労働等により作業を行い、農業などと複合的に所得を確保する主体等については、地域の林業経営を前述の主体とともに相補的に支えるものであり、その活動が継続できるよう取り組む。

※この「今後の『望ましい林業構造』の姿」は、きわめて重要です。ここで、林野庁は、「自

伐林家（自ら所有・経営）」だけでなく、「自伐型林業（森林を所有していない）」を初めて公式文書に位置づけたのです。その結果、先に示した２０２１年版「森林・林業白書」では異例ともいえるほど、自伐林家及び自伐型林業に関する記述が増えたのです。

ここにおいて、自伐林業運動は国の政策面から見てきわめて大きな成果を挙げたといえます。実は、政治に対する圧力団体が弱く、官僚側の力がきわめて強いのが、森林・林業界の特色でしたが、自伐林業運動は、この大きな壁を乗り越えたと高く評価できます。

今後は、このような巨大な成果をさらに現場レベルでどのように「実体化」させるのか。そのようなこれまでとはレベルの異なる政策提言が求められています。

第４節　自伐林家・自伐型林業の現代的意味

これまでみてきたように、戦後の林政史からすると、自伐林家や自伐型林業は主体・担い手としてごく最近、名目的な位置づけを国から与えられつつあります。しかしながら、林野庁の基本方向はあくまで大規模化、機械化、効率化の路線です。

このような時期に、あえて小規模経営を基本とする自伐林家や自伐型林業を主体・担い手として日本的に取り上げるべき根拠はどこにあるのでしょうか。このような点をしっかり整理して、理論武装していく必要があります。私からは、取りあえず以下の4点を提示したいと思います。

第一に、小規模経営あるいは家族経営は、自然、あるいは森林生態系とまるごと付き合うという点において、企業経営や官僚経営と比べて圧倒的に適しているということです。自然を相手にするということは、決して短期的・一時的な経済的・経営的な判断ですむものではありません。長い時間をかけて自然・森林との応答を繰り返し、そのプロセスで一人ひとりに培われていく知恵と技術・技能の体系こそが、それぞれの地域における「持続可能な森林管理（経営）」の基礎となるものです。大橋慶三郎氏の諸著作はその真髄の一端を示しています。丁寧に森林と対話することによって、初めて「壊れない道づくり」や「災害に強い美しい森づくり」ができるのです。未熟な施業によって、森林という大切な基盤を崩壊させてはならないのであって、そのような施業は、小規模経営や家族経営に適合しています（一本一本の木を撫で撫でしながら育てる）。

また、日本の私有林の林分は一筆が狭く、所有者が入り交じっています。ある程度の規模の森林所有者も1カ所にまとまっている例はほとんどなく、何カ所にも分かれて所有しているのが一般的です。このような状態を、「林地の零細分散所有制」といいます。このような林分の状況になったのには、共有林の分割にあたっての公平性原理の貫徹だったり、集落付近では畑に植林した結果だったり、焼畑跡地への造林の結果だったりします。

林野庁の政策は一貫して、この「零細分散所有制」の克服とその団地化でしたが、それは現在に至るまで成功していません。日本における「森林施業の共同化・集約化」は不可能だという学者も存在するほどです。この「零細分散所有制」は小規模経営には適合的ですが、大規模経営には何ともならない制約条件になっています。

国は、小規模経営や家族経営が森林・林業で成り立つような制度（環境政策や地域政策を含めて）を創設する義務があるわけです。

第二に、逆に大経営は成功してきたか、ということが問題です。これまでの林野庁の政策は、低い木材価格を与件として受け入れた上で、それをカバーするために経営や施業の規模を大きくし、機械化などによって労働生産性向上を一貫して追求してきました。そのような路線を近年では「林業の成長産業化」と称して実施されています。最近では、「新しい林業」と称して、さらなる機械化と超短伐期施業を推進し始めています。

しかしながら、「林地の零細分散所有制」がネックとなって「規模の有利性」が働くような林地の確保がきわめて難しいのが現実で、その克服の道筋はまだ立っていません。

それでは、1万ha以上の森林を所有している大会社などの経営はうまくいっているのでしょうか。実はそのような例はあまり聞き及びませんし、日本最大の森林所有者である国有林も経営はうまくいっていません。

逆に、機械や人確保に大きな投資をした場合には、その回収に苦しむことが多く、倒産するケースもあります。さらに、大規模化によって荒い施業が蔓延しており、土砂災害に直結するケースもかなりみられます。

林業においては、大規模化のメリットはこれまで実証されていません。林野庁はいつまで「規模の経済」論にしがみつき続けるのでしょうか。

第三に、自伐型林業が都市から農山村への人口還流の受け皿となっていることです。①小規模林業のため、参入ハードルが低いこと、②「自伐林業運動」が活発に動いており、研修機会も提供されていること、③市町村が主体となって「地域おこし協力隊制度」を活用して自伐型林業者を養成し始めていること、④自伐型林業者とフィールドとのマッチングも進み始めたこと、などが要因として働いています。

その結果、定年帰農林者だけでなく、若い世代の参入も着実に進んでいます。特に、就職氷河期（１９９３～２００６年）やそれ以降に社会に出た若者のなかには、人や組織に頼らずに独立志向・自然志向が強い人々も多いので、彼らの受け皿となりつつあることは、自伐型林業の大きな特徴といえます。自伐型林業者の地域への定住にはまださまざまなハードルはありますが、受け入れる自治体側の熱意も高まっていますので、少しずつ問題点は克服されていくと思われます。

第四に、現代が文明史的転換期に位置づけられることです。石油・石炭に依存する近代文明が、地球環境問題を筆頭にあらゆる面で限界に達しています。近代という時代は、石油・石炭資源に依存していたわけです。それらを燃やしすぎて、地球温暖化（気候危機）や生物多様性危機を招きました。このような近代文明を乗り越えて、脱近代（近代後）の世界は、植物資源依存文明となるしかありません。その場合に、植物資源の丁寧な管理・経営にもっとも適しているのはその資源が存在している場所に近いところで生活している小規模経営・家族経営です。

新たに自伐型林業に興味を持ち、そこに身を投じようとする方々に対して、最後に私から申したいことは、①自伐林業運動は、世直し運動という面を強く持っていること、②「大きいことはいいことだ」「速いことはいいことだ」といった近代的価値観に強い疑問を持っていること、③林業を産業としてだけでみるのではなく、地域や環境（公益）を強く意識し、副業を大切にすること、④自分で試行錯誤しながら体得していくこと（疑問があってはじめて勉強する）⑤横のネットワークを大事にすること、といったことです。

また、将来について、「現場作業員として極意を極めるのか」、あるいは「現場作業もできるが、森林の管理経営を任される立場を目指すのか」については常に意識しておいていただきたいと思います。

結局、自伐型林業者とは、基本的にひとりの中にすべての知識、経験を埋め込んでいき、「全人性」を獲得していく人々だと私は思っています。

脱近代の担い手である「自伐型林業者」の存立根拠としての制度を新たに設計することが現時点できわめて重要なことです。


【補足】

２０１５年に書いたものをコラムで再録します。参考になることがあるのではと思います。

「自伐林業運動」の経緯と現段階

※国民森林会議「国民と森林」2016年第135号所収

泉 英二（愛媛大学名誉教授）

1 はじめに

私が3年近く前に「国民森林会議」の提言委員を引き受けて強く感じたことは、本会が一貫して「農山村」を重視し、森林・林業の担い手として「農家林家」「農家林業」を重視してきたことにあった。改めて考えてみると、半田良一先生が会長として長く本会をリードしてこられたわけだから当然といえば当然のことではあった。それにしても国民森林会議が、今回の宮崎でのシンポジウムを含め、ここ数年、シンポジウム、講演会さらには提言等においても、「小規模自営林業」（自伐林業）を集中して取り上げてきたことは特筆されるべきだろう。国の林政ではこれまで一貫して軽視されてきた農家林業、自伐林業に担い手としての焦点を当ててきたことは本会の真骨頂のひとつともいえる。

ところで、ここ10年以上、「自伐林業」運動を主導的に推進してきたのはNPO法人「土佐の森・救援隊（理事長・中嶋健造）」（以下、「土佐の森」と略す）だったといってよい。本稿は、そのプロセスを整理するとともに、現段階の到達点を検証することを目的としている。

ところで、最近、「自伐林業」をめぐっては、林業界のなかで賛否や毀誉褒貶が激しいとの印象を受けている。今後の林政の方向性を誤らないためには、「自伐林業」に対する賛成派と懐疑派・反対派の間でお互いに感情論を排し、断片的事実に基づく「決め付け」などから解放され、冷静に議論を重ねることが必要だと考える。長期にわたり苦境にある林業界は、内部でお互いの足の引っ張り合いをしている余裕などない。当面はそれぞれが正しいと思う道を歩んだらよいが、その際、双方ともに「本来の敵は林業界の外にいる」との認識を共有しておくことが重要と思われる。本稿がそのための基礎作業のひとつとなることができれば幸いである。

2　自伐林業論に対する批判

自伐林業論に対する批判で文章化されたものはほとんどない。管見の限りでは、遠藤日雄氏の所説のみである（餅田治之・遠藤日雄編著『林業構造問題研究』日本林業調査会　2015年3月　253ページ）。以下にその部分を引用する。

「しかしここにきて、『再生プラン』の轍を踏みそうな気配が醸成されつつあるのが気にかかる。それは2014年9月、第二次安倍改造内閣で設置された地方創生担当相と、同時に設置された『まち・ひと・しごと創生本部』に関連して、森林・林業分野で『自伐』が注目をあび、マスコミでも取りあげられるようになったことである。それ自体は大いに結構なことであるが、気になるのというのは『自伐』があたかも地方創生（森林・林業分野の）の救世主のように取り上げられ、しかもその当事者の中には、自民党政権に擦り寄っていく姿勢を見せ始めていることは、『再生プラン』が提起された頃の様子とよく似ている。（歴史は繰り返すというが『再生プラン』の二の舞にならなければよいのだが）。『自伐』が果たして日本の森林・林業・木材産業を動かすエンジンになるのだろうか。『構造論』を踏まえた議論をすれば『ノー』であることは一目瞭然である。今こそ、『構造分析』の必要性を認識すべきであろう」

遠藤氏のこの所説は同書の「おわりに」の部分で述べられたためか、根拠等は明示されておらず多分に情緒的な記述にとどまっているが、いずれにせよ「自伐」が日本の森林・林業・林産業を動かすエンジンとなることに対してまったく否定的なことだけは理解できる。

その他、耳にする批判としては、「自伐は儲かるというのは本当か」、「自己労働搾取だけではないのか」、「労働安全衛生面に対する取り組みが弱いのではないか」、「自伐はいいことだが、自伐だけで日本の森林の管理はできない」、「自伐だけがよくて、他のやり方は全てダメだと一律に決めつけることには納得できない」といったことがある。

3 「自伐林業運動」に関して紹介・解説した既往の業績

林業の担い手としての農家林業や小規模自営林業に関する言及は、1960年の国の「林業の基本問題と基本対策」まで遡るが、近年の「土佐の森」を中心とする「自伐林業運動」はかつての農家林業論の延長ではなく、新たな文脈のもとで成立してきているように思われる。

このプロセスを明らかにしたものとして、①中嶋健造「土佐の森編」(中嶋健造編著『バイオマス材収入から始める副業的自伐林業』全林協、2012年所収)、②家中茂「運動としての自伐林業」(佐藤・興梠・家中著『林業新時代』(農文協、2014年所収)を挙げることができる。概要は①で十分に把握できるが、家中氏による②の著作は、対象に密着して実施した聞き取り調査に基づいており、包括的かつ詳細にプロセスを解き明かしている。自伐林業運動に関するきわめて優れた業績であり、この運動に対して是非、賛否をいう前に必ず読んでおくべき文献といえる。

この業績に基づくとともに、他の情報も併せて私なりに自伐林業運動のプロセス及び運動発展の要因を纏め直すと、以下の通りである。

1　阪神・淡路大震災後の1996年に開明的な橋本大二郎高知県知事（当時）が、「森林ボランティア」の育成について県の林業担当職員に指示を出した。

2　現場力、指導力を兼ね備えた県林業技術職員の橋詰寿男氏（「土佐の森」・初代理事長）、松本誓氏（第二代理事長）らは、日頃から国の林政の方向に違和感を持っており、知事の指示を受けて、今後「森林ボランティア」を高知県における森林整備の担い手としてきわめて積極的に位置づけることとし、そこに林業の未来をみようとした。

3　橋詰氏、松本氏らは、実際にボランティアがチェンソーを持って未整備人工林へ入り、林業の実践（特に搬出間伐）に積極的に取り組む仕組みを作った。森林ボランティアがここまでやることは全国的にみてきわめて異例なことであった。その理由として、松本氏が80ヘクタールの森林所有者であり、休日には自伐林業を実施してきたことがバックグラウンドとしてあった。その上で、両氏らは、①小型林業作業体系の確立、②しっかりした育成カリキュラムの構築、③研修・実践の場の確保、④搬出間伐材の販売先・販売方法の確立（地域通貨を含む）等をおこなう意欲と能力を持っていたのである。このような中から、自伐林業を目指す森林ボランティアが登場し始めたのであった。

4　2003年にNPO法人化。その際、森林・林業技術等認定委員会を発足させた。ランク1からランク6までの認定基準を作った。技術・技能の向上と安全管理に配慮したのである。

5　受講生には、定年退職者、U・Iターン者などがいたが、その中に、現在、運動の中心を担っている中嶋健造氏、四宮成晴氏（都市計画コンサルタント）、坂本昭彦氏（電気技師）らもいた。中嶋氏は、林業にはまったく素人だったが、土木や環境関係のコンサルタント会社勤務の経験があり、構造的に物事をみることができる課題発見・解決型人材であった。また、新しいことを企画し、実行していく力が優れていた。

6　この頃に篤林家として有名な徳島県の橋本光治氏と「土佐の森」との出会いがあった。「壊れない道づくり」で著名な大橋慶三郎氏の高弟である橋本氏は、所有する100ヘクタールの山林に大橋式作業道を高密に入れ、それを基盤として小型ユンボ・2トントラックという小型林業機械体系を確立していた。施業は皆伐を廃し、択伐（あるいは多間伐長伐期）方式を採用して、自力を中心とした家族経営に徹し、経営的には十分に循環する体制を築いていた。中嶋氏らは、ここに「自伐林業」の最高モデルを発見したのである。「林業の本来あるべき姿」を具体的に獲得したともいえる。

7　「土佐の森」は、2005年から仁淀川町で実施されたNEDO（新エネルギー・産業技術総合開発機構）のバイオマスエネルギー地域システム化実験事業に参加した。ここで新たに「林地残材収集運搬システム」（C材で晩酌を！）を構築した。全国7カ所のうち、「小規模林産」で参加したのは、「土佐の森」だけであり、しかも新システムにより大きな実績を挙げたため、全国の注目を集めた。

8　その後、「土佐の森」が主宰して2009年から始めた「副業型自伐林家養成塾」からは続々と新たな担い手が誕生した。2011年の東日本大震災時にはいち早く駆けつけて実施した薪ボイラーによる「風呂支援」から、現地での「自伐林業」研修実施という流れを作った。このように自伐林業運動は全国各地に広がり始め、2014年4月には全国組織として、NPO法人「持続可能な環境共生林業を実現する自伐型林業推進協会」（以下、自伐協と略称）が結成されるに至った。

9　活動を展開していく際、裏付けとなる資金問題はきわめて重要である。中嶋氏を中心とする「土佐の森」はあらゆる活動について、ほとんど全て外部資金的裏付けを確保することによって多彩な活動を継続してきた。林野庁、高知県の他、最近では、林業界外部からの競争的な資金を獲得し続けてきたことが大きな意味を持っていた。NEDO、三井物産環境基金、三菱商事復興支援事業、科学技術振興機構、緑の募金事業、JP年賀寄付金事業、地球環境基金など。また、マスコミなどにもよく取り上げられてきたことも運動の追い風として大きな意味を持った。このようなことが可能だったのは、自分たちが取り組んでいる運動が、現代においていかに大きな意味があるかを分かりやすく提示できる力を持っていたからである。

以上の経緯からすると、「土佐の森」の第1段階は、林政の現状に飽き足らない県庁職員の橋詰・松本氏らが、林業の素人に対して研修を通じてそれなりの林業者として育て上げていくことだったといえる。そのとき、初心者に適合的な林業作業体系として小規模型が採用された。この養成システムの修了者は、「自伐林業」を指向するのは必然といえる。

中嶋氏ら修了者が運動の中軸を担うようになった第2段階の特徴としては、中軸が林業外部でそれぞれ活躍してきた人達だったために、外部人の感覚が導入されたことである。そのことによってこれまで林業界が持ち得なかった外部との強力な回路を形成したことがきわめて重要な意味を持った。具体的には、①「自伐型林業」を外部人の感覚で「委託型林業」と対比しつつ、概念整理を独自に行い、それが一般人にも分かりやすい提示だったこと、②外部人に何を訴えれば理解を得られるかが分かっていたので、新規参入者や外部資金の獲得等に異例の実績を挙げることができたこと、などと整理できよう。また、橋本氏との出会いと、橋本氏からの紹介で奈良吉野の清光林業・岡橋清元氏、清隆氏との出会いによる「自伐林業」の理念型の発見も画期をなすものであった。

全国組織である「自伐協」の設立は、運動が第3段階へ入ったことを示している。中嶋氏らのこれまでの動きによって触発された多くの個人・団体が参加しており、さらに国会議員45名が参加する議連まで結成された。

以上に見た運動展開は、停滞が著しい林業界にあってきわめて注目されるものになったのも当然である。

次節では、自伐協の活動を紹介していこう。

4　自伐林業運動の現在と今後の活動目標

自伐協では活動資金を得るために、平成26年度にいくつかの大型外部資金に応募し、そのなかで、「地球環境基金」から助成金（今年度８４０万円＋自己資金３６０万円）の交付を受けることができた。３年間の予定だが、実績次第では5年間に延長される可能性もある。このプロジェクトの当初計画書と中間報告書によりながら活動内容を紹介していこう。

（1）自伐協の組織強化

①会員数は一昨年の発足時では、正会員49名・団体、賛助会員37名・団体である。それを5年

後に、正会員150名・団体、賛助会員200名・団体、支援団体40団体にする計画であるが、昨年の実績としては、12月現在、正会員34名増、賛助会員36名増と順調に増加している。

②事務局については、ほぼ専任1名、パート1名の2名体制が確立した。

③5年後には、外部資金を年間1500万円確保し、5部体制（本部兼総務部、普及指導部、研修部、事業推進部、調査研究部）をとる予定である。

（2）自伐型林業の普及

①自伐型林業を支援する自治体は、一昨年の段階で5自治体だったが、それを5年後には、50自治体とする予定である。昨年の実績としては、12月現在、目標を上回る11自治体を達成。自治体向けマニュアル「自伐型林業導入への手引き」を作成。

②自伐型林業事業体は10だったものを、5年後に100チームとする予定。昨年中に29事業体が開始。若手の参加が目立つ。

③自伐型林業マイスター（研修講師）は5名だったが、5年後には30名とする予定。

（3）「自伐型林業普及推進議員連盟」の設立

協力連携組織として、国会議員による議連の設立をサポートした結果、平成27年4月に国会議員45名の参加を得て議連が発足した。議連の効果としては、①議連の学習会に省庁が来ることで、自伐展開のためにハードルになる地域の問題が国に直接伝わるようになったこと、②議連メンバー議員と、その選挙区の自伐チームが顔をあわせ、地域展開での支障を共有して相談できる関係が築けたこと、などを挙げることができる。

以上の他、ホームページの充実、シンポジウムと研究会を年各2回開催して、普及活動をサポートするとともに、自伐型林業に関する研究を進め、政策提言することも課題に挙げている。これまでみてきたことからすると、自伐協は5年後に高い目標を掲げつつ、きわめて順調なスタートを切ったということができよう。

5　おわりに

林野庁の「自伐林家」に対する姿勢にも変化がみられる。すなわち、①3年連続で「森林・林業白書」で触れていること、②次期「森林・林業基本計画」において、「自己所有森林を中心に、専ら自家労働等により施業を実行する森林所有者等について、上記主体（注：森林経営計画作成者、林業事業体、労働力等を保有する森林所有者）と地域林業を相補的に支える主体」として新たに位置づける可能性が出てきたこと、などである。

このようなことも踏まえつつ、今後の「自伐林業運動」に関していくつかの整理をおこなっておきたい。

1　今後の日本の森林・林業を考えた場合、定年退職者であれ、若いI・Uターン者であれ、林業界以外の分野から新たな参入者をどのようにして林業界に受け入れることができるのか、が巨大な問題として存在している。家中氏らが明らかにした「土佐の森」の歴史をみると、「自伐林業運動」のきわめて重要な価値は、まず第1に、橋本氏や岡橋氏との出会いによって豊かな「自伐林業」概念を獲得したことにある。第2には、他分野から林業への新規参入者を受け入れるしっかりとしたプラットフォームを提供したことである。「自伐林業運動」は、往々にして「林業のプロ」の人々には評判は悪いようだが、「林業の素人」の人々をこれほどまでに魅了しやる気を起こさせていることこそまず大いに評価すべきではないだろうか。

2　ただ、「自伐は素晴らしい」「自伐は儲かる」といった言葉に惹きつけられた人々で、都会を離れて実際に農山村に夫婦で移住して「自伐林業」に従事したいという希望を持つ人も出始めている。これらの人々に対して、3〜4年後にしっかりと自立して農山村で生活できるようなプログラムをほんとうに提供できるのかが次のきわめて深刻な問題である。自治体向けの導入マニュアルはほぼ完成したが、自伐希望者を対象とした、技術マニュアル（安全対策を含む）、経営マニュアルの早急な作成と自治体向けの定着マニュアルの作成が求められている。有志の人々の「梯子を外さない」ことが肝要と思われる。

3　ここ10年以内に林業界のあり方に激震を走らせた人物を振り返ってみると、ひとりは「森林・林業再生プラン」を途中まで主導した梶山恵司氏であり、もうひとりは「自伐林業」を提唱している中嶋健造氏であろう。この2人には、①林業には素人であったこと、②コンサルタントとしての経験による複雑な現状を構造的に解明する力を持っていること、③政治を通じて林野庁へ一定の影響を与えた（ている）こと、という共通性があるように思われる。また、「提案型集約化施業」を編み出した湯浅勲氏も「林業の素人」だったといえる。「林業のプロ」だけではなかなか状況の打開が難しい現状にあって、「林業に有志の素人の方々」の新しい視点を虚心坦懐に受け止め、前向きに生かすという姿勢が今まで以上に今後は必要と思われる。林業の再発見役、都市との橋渡し役として大いに活躍してもらうことが日本林業の新たな突破口を切り開く可能性があるからである。

4　現在、次期「森林・林業基本計画」の策定作業が林野庁で行われている。これに対して、昨年末に開催された研究会において古井戸宏通氏（東大准教授）は、今回の改訂作業には期待が持てないとし、「100年後、200年後の子孫からも評価されるような計画づくりを目指さなくてよいのか」と問題提起し、今から次々期の基本計画へ向けて根源的な議論を始めるよう提唱した。そのような文脈の中で、「自伐林業」についても事実関係に基づいた冷静かつ建設的な議論が展開されることを期待したい。

※コラムに掲載されている数字や事実関係は2016年当時のものです。

付録

もっと学びたい人のために　参考文献集

本欄では、自伐型林業についてもっと学びたい人のために参考となる文献を紹介します。本書の執筆にあたり参考にしたものも含まれていますので、自伐型林業についてより深く知識を得るためにご活用ください。

●自伐型林業の源流を学ぶ

・「大橋慶三郎　道づくりのすべて」（大橋慶三郎／全国林業改良普及協会）
・「大橋慶三郎　林業人生を語る」（大橋慶三郎／全国林業改良普及協会）
・「大橋慶三郎 道づくりと経営」（大橋慶三郎／林業改良普及双書）
・「大橋慶三郎 林業人生を語る」（大橋慶三郎、聞き手・酒井秀夫、佐藤宣子／全国林業改良普及協会）

●自伐型林業の作業道を学ぶ

・「写真図解　作業道づくり」（大橋慶三郎、岡橋清元／全国林業改良普及協会）

・「現場図解　道づくりの施工技術」（岡橋清元／全国林業改良普及協会）

●副業型の自伐型林業を学ぶ

・「地域の未来・自伐林業で定住化を図る　技術、経営、継承、仕事術を学ぶ旅」（佐藤宣子／全国林業改良普及協会）
・「林業新時代『自伐』がひらく農林家の未来」（佐藤宣子・興梠克久・家中茂／農山漁村文化協会）
・「Ｎｅｗ自伐型林業のすすめ」（中嶋健造／全国林業改良普及協会）
・「バイオマス材収入から始める副業的自伐林業」（中嶋健造編／全国林業改良普及協会）

●災害と林業の関係性を学ぶ

・映画「壊れゆく森から、持続する森へ」（アジア太平洋資料センター）
・調査レポート「林業と災害」（自伐型林業推進協会）
・論文「熊本県の再造林放棄地における作業道の侵食・崩壊の形態と生産土砂量の経年変化」（寺本行芳、岡勝、下川悦郎、金錫宇、金槿雨／雨水資源化システム学会誌）
・「大規模な伐採、豪雨により『土砂崩れが多発』見直し求められる林業政策」

（Ｙａｈｏｏ！ニュース特集／２０２２年9月12日）
・「『皆伐』跡で崩落多発」（毎日新聞／２０１９年12月17日）

●ヨーロッパの林業を学ぶ

・「地域林業のすすめ　林業先進国オーストリアに学ぶ地域資源活用のしくみ」（青木健太郎、植木達人・編／築地書館）
・「輝く農山村　オーストリアに学ぶ地域再生」（寺西俊一、石田信隆編／中央経済社）
・「広葉樹の国フランス『適地適木』から自然林業へ」（門脇仁／築地書館）

●林業と環境の関係性を学ぶ

・「マザーツリー　森に隠された『知性』をめぐる冒険」（スザンヌ・シマード著、三木直子訳／ダイヤモンド社）
・「家族農業が世界を変える２　環境・エネルギー問題を解決する」（関根佳恵／かもがわ出版）
・「土中環境 忘れられた共生のまなざし、蘇る古の技」（高田宏臣／建築資料研究社）
・「よくわかる土中環境　イラスト＆写真でやさしく解説」（高田宏臣／ＰＡＲＣＯ出版）

●日本の林業政策を学ぶ

・「国民森林会議提言」（国民森林会議提言委員会）※ホームページで公開
・「森林・林業白書」（林野庁）

●地域とともに生きる人々の想いを学ぶ

・「ふるさとへ　編集者・甲斐良治の文章」（農文協有志制作集団編／農山漁村文化協会）
・「地元学からの出発　この土地の生きた人びとの声に耳を傾ける」（結城登美雄／農山漁村文化協会）

●自伐型林業の最新情報を学ぶ

・YouTube番組「ZIBATSUチャンネル」（制作・自伐型林業推進協会）
・「自伐型林業Q&A」（自伐型林業推進協会ホームページ）

年表

自伐型林業推進協会の歩み　持続可能な森づくりを目指して

2009年

・高知県で「副業型自伐林家養成塾」を開講（主催・NPO「土佐の森・救援隊」）。のちの「自伐型林業」の実践者を育成する研修会の基礎づくりが始まる

2011年

・東日本大震災。被災地で自伐型林業の展開が始まる

2013年

・宮城県気仙沼市で「副業型自伐林家養成塾」が開催される（2024年までに24回開催）

2014年

・高知県の佐川町長選挙で「自伐林業／土佐の森方式へのチャレンジ」を公約に掲げた堀見和道氏が当選。自治体が自伐型林業に取り組み始める
・特定非営利活動法人「持続可能な環境共生林業を実現する自伐型林業推進協会」設立
参議院「地方創生に関する特別委員会」で石破茂地方創生担当相（当時）が自伐型林業について「地方創生の鍵としたい」と答弁

2015年

・国会議員による「自伐型林業普及推進議員連盟」（代表・中谷元衆院議員）設立
・「新たな持続可能な環境保全型『自伐型林業』の推進基盤づくりと全国普及」事業を開始（地球環境基金／〜2019年）
・内閣府の「まち・ひと・しごと創生基本方針」に「自伐林家」が記載される

２０１６年

・日本財団「ソーシャルイノベーター」に代表理事の中嶋健造が選出される
・「自伐型林業」が掲載された教科書「農業と環境　新訂版」（実教出版）が文科省検定通過。その後、全国の農業高校で使われる
・自伐型林業の実践者である橋本光治さん、延子さん夫妻が第55回農林水産祭（主催・農林水産省、日本農林漁業振興会）で「内閣総理大臣賞」を受賞
・「自伐型林業を核とする生業・生活統合型多世代共創コミュニティ・モデルの開発」事業を開始（国立研究開発法人科学技術振興機構／～２０１９年）

２０１７年

・「環境共生『自伐型林業』の全国展開期における中期事業推進計画策定を通じた組織基盤強化事業」事業を開始（パナソニックＮＰＯサポートファンド／～２０１８年）

２０１８年

・国会で審議されていた森林経営管理法案について「3つの提言」を発表
・「山林の持続的分散経営形態『自伐型林業』による雇用創出・耐災害化の推進」事業を開始（日本財団／～2019年）
・橋本光治さんが「旭日単光章」を受賞
・自伐型林業推進協会がサポーター会員を募集開始（2024年10月現在で2185人）

2019年

・ショートムービー「2人で林業」を制作、配信
・国会で審議されていた国有林野管理経営法改正案に対して「声明」を発表。「国有林野管理経営法改正案を考える会」を設立し、記者会見
・日本唯一の林業専門番組「ZIBATSUニュース」を配信スタート（2025年までに233回配信）

2020年

・厚生労働省「林業就業支援事業」に協力（～2022年3月）
・「森林の持続的分散経営形態『自伐型林業』による台風豪雨に強い持続的な山林と国土づくりの推進」事業を開始（日本財団）
・短編アニメーション「200年後の森」を発表（制作・梅原デザイン事務所）
・「失業者を救う自伐型林業参入支援事業」を開始（JANPIA）。特定非営利活動法人地球と未来の環境基金とコンソーシアムを組み、仲介支援事業を本格スタート
・会報誌「200年の森をつくる」創刊
・「環境性と経済性を両立する持続可能な広葉樹林業の普及加速」事業を開始（パタゴニア環境助成）
・ドキュメンタリー映画「壊れゆく森から、持続する森へ」を発表（制作・アジア太平洋資料センター、監修・自伐型林業推進協会）

2021年

・「中山間地域における複業型ライフスタイルモデルの再構築」を開始（JANPIA）
・内閣府「関係人口創出・拡大のための中間支援組織の提案型モデル事業」に採択される

・「森林作業道作設指針」が改正。自伐型林業に必須の幅狭の作業道について「2・0メートル程度の幅員設定も含め、検討するものとする」と記載。これまで補助対象は2・5メートル以上が基準だったが、基準未満も補助対象に（ただし都道府県によって運用の差は残る）
・「森林・林業基本計画」発表。明記はされないものの、他の林業事業体とともに「専ら自家労働等により作業を行い、農業などと複合的に所得を確保する主体等」と主体の一つとして併記され、「地域の林業経営を前述の主体とともに相補的に支えるものであり、その活動が継続できるよう取り組む」と記載される。同計画添付の林政審議会資料には「自伐林家」および「自伐型林業事業者」と明記される
・林野庁の「森林・林業白書」に自伐型林業が特集掲載される
・土砂災害と林業の関係についての調査結果をまとめた「災害と林業　土石流被害と林業の関係性の調査報告」を発表
・NHK「クローズアップ現代＋」で土砂災害と林業の関係についての調査結果が報道される
・自伐型林業推進協会が、国内外で環境保全活動を続ける団体が表彰される「日韓国際環境賞」を受賞

2022年

・「トレイルラン×自伐型林業」プロジェクト「森で走り、森に学び、森を育てる」事業を開始（パタゴニア環境助成）
・「森林環境保全直接支援事業」の要件が改正される。森林経営計画による間伐補助の面積要件（5ヘクタール以上）は撤廃
・衆議院の農林水産委員会で土砂災害と林業の関係性が取り上げられ、農林水産大臣が「皆伐等跡地における林地崩壊については、伐採、搬出のために一時的に設置された粗雑な集材路の周辺で多く確認されているところです」と、林業現場での崩壊の実態を認める
・全国の農林高校で使われる教科書「森林科学」（2022年版／文部科学省著、実教出版刊）に自伐型林業の記述が掲載される
・「自伐型林業地域実装による森の就労支援事業」を開始（JANPIA）

2023年

・地球環境基金にて「伐型林業施業地の生物多様性保全調査及び自然共生サイト登録の促進」事業を開始
・第3回「SDGsジャパンスカラシップ岩佐賞」を受賞。社会課題の解決やSDGsの達成

に向けて地道に行動する団体として評価される

2024年

・自伐型林業を特集した映画「サステナフォレスト」が発表（制作・TBS）。「第4回TBSドキュメンタリー映画祭2024」で上映される
・自伐型林業普及推進議員連盟が「自伐型林業普及に向けた決議」を可決し、農林水産相に提出。自伐型林業用機械の補助支援と作業道の開設補助の全国実施、自伐型林業推進を担う担当窓口の創設を求める
・「地域山林の未来を担う林業者サポート事業」を開始（JANPIA）

「おわりに」に代えて

「労働とは、文化を継承すること」。これは、雑誌「増刊現代農業」の編集主幹を長く務めた甲斐良治さんが、生前に話していた言葉です。

居酒屋でお酒が進んできて自伐型林業の話が出ると、よく「俺は農業や漁業についてはたくさん取材してきたけど、林業はほとんど知らんかった。自伐型林業は希望の林業だ」と話していました。甲斐さんは、何の前触れもなく定年退職が間近に迫った2022年1月22日に65歳の若さで永眠しましたが、その1週間前には「自伐型林業の本を作ろう。俺も原稿を書く」と話していました。甲斐さんが書きたかった原稿とはどんなものだったのか。本書を制作する中で、何度もそのことを思い返していました。

甲斐さんは、地方に移住して農林漁業に従事した人たちの取材するをライフワークにしていて、増刊現代農業で特集した「定年帰農」、「田園住宅」、「田園就職」、「帰農時代」の「帰農4部作」で1999年に農業ジャーナリスト賞を受賞しました。

2000年に入ってからは地方の農山村に移住した若者の声を聞く取材が増えて行きました。当時は「就職氷河期」と呼ばれていた時代で、若者の雇用環境がそれ以前の世代に比べて極端に悪化し、フリーターやニートが増えたことが社会問題になっていました。今の40代がその世代で「ロスト・ジェネレーション」とも呼ばれています。非正規雇用で働く人が増え、上司から仕事を教えてもらえる機会は少なくなり、企業は雇用した若者を交換可能な部品のように扱うのが当たり前になった時代でした。

一方、このロスジェネ世代の中には、都会暮らしに見切りをつけ、農山村に「希望」を見い出して農山村に向かう人が増えていました。甲斐さんが2000年代半ばにその現象について新聞社から取材を受けたとき、記者から何度も「若者が田舎に行っているというのは本当か?」と確認の連絡を受けたそうです。それほど、当時は若者が田舎に住むことは珍しいと思われていました。

甲斐さんが、日本全国にいる農山村に移住した若者に共通点として見出したのが、「継承する力」です。少し長くなりますが、甲斐さんの当時の文章を引用します。

本誌前号『若者はなぜ、農山村に向かうのか』のこの欄に、現在32歳前後の若者が大学を卒業した1995年ころの雇用の状況が最悪だったことについてふれた。経済界の「雇用の柔軟化」なる方針転換により、その後10年間にパート、アルバイト、契約、派遣社員などの非正規雇用が50%も増え、いまや1500万人以上。一方、正規雇用は10%減少し、

3500万人を割り込んだ。いまになって政府、経済界、あるいは労働界はニートやフリーターの予想以上の増大にあわてているが、それは労働は経済のためだけにあるのではなく、社会の継承のための文化的意味をもつことを忘れた結果ではなかったか。

人は、だれしもよりよくより楽しく生きたいと思うもの。そして、自らの労働をとおして、よりよくより楽しく生きたいだれかの役に立ちたいと思うもの。とくに若者はそうだ。いま、多くの若者が農山漁村を生きる場に選び、従来の農林漁業の枠にとらわれない「だれかの役に立つ」多様な仕事を創造し始めたのは、労働の本質と喜びは、人と人が、人と自然が働きかけ働きかえされるプロセスそのものの中にあることを、そのみずみずしい身体感覚をとおして感知したからではないか。

たとえば自らの見習い体験を通して、ほろびゆく職人技の継承のための半農半手仕事田舎暮らし構想について述べている伊藤洋志さんはまだ26歳。素材も食も自給する手仕事職人がいかに「継承する力」を持っているかに迫っている。

この「継承する力」は、農山漁村のもつほんらいの力でもある。農山漁村はいかに稼ぐかではなく、「ここで生きていく」地域をいかに継承していくかが仕事だからだ。都市や企業には、たとえ稼ぐ力がまだ残っているとしても、「継承する力」言い換えれば「文化の力」はない。だが心配することはない。企業社会に文化としての労働はないことを知った若者たちが、農山漁村の高齢者とともに、新しい文化としての労働を創造しつつある。

「田園・里山ハローワーク　希望のニート・フリーター」

（「増刊現代農業」２００５年11月号）

甲斐さんは、２０１０年代に入ってからは自伐型林業が持つ可能性にメディアの中でいち早く注目し、自伐型林業推進協会の設立にも協力してくれました。自伐協が向かう方向性について、赤坂の宮崎料理店で焼酎のロックグラスを傾けながら「ああでもない、こうでもない」と語っていたことは、今でも懐かしい思い出です。それらの議論は、結局のところは「継承する力」に収斂していくものでした。

豊かな山林を活用して生計を立ててきた先人たち。戦後に道づくりの技術を独自に開発し、森づくりの真髄を弟子たちに伝えた大橋慶三郎さん。その大橋さんから薫陶を受け、今では全国各地を飛び回ってその技術と思想を伝承している岡橋清隆さん、橋本光治さん、野村正夫さん。そして、その３人を「師匠」と慕い、自分たちが住む地域の森林を蘇らせようと自伐型林業に挑戦する若者たち。本書を読んで、その人たちの〝想い〟が少しでも伝わったのであれば、望外の喜びです。

一方で、説明不足や理解が難しかったところもあったと思います。それはすべて、本書を制作した私たちの力不足の結果であり、ぜひみなさんの率直なご意見をいただきたいと考えています。

私たちがいろんな人から受け取ったバトンを、次の人たちに渡すこと。それが、自伐協に与えられた最大の使命なのかもしれません。この本が、そのバトンの役割を果たしてくれることを願っています。

２０２５年１月22日　甲斐良治さんの命日に

自伐型林業　小さな林業の今とこれから

2025年3月1日　第1版第1刷発行

編集・進行
上垣喜寛　西岡千史　伊藤典明
（自伐型林業推進協会）

編集協力
中嶋健造　四宮成晴　荒井美穂子　橘髙佳音
杉本淳　香月正夫　芳賀ひろみ　池田文月
平井明日菜（自伐型林業推進協会）

写真
越智貴雄　高木あつ子　地球守

装画・イラスト
上垣裕起子

装丁・DTP
稲村絵美里（株式会社スロージャーナル）

発行者
二木啓孝

発行所
世界書院
〒101-0052
東京都千代田区神田小川町3-10-45 駿台中根ビル5階
Tel　0120-029-936

印刷・製本・組版
精文堂印刷

ISBN 978-4-7927-9597-9　C0061

イルの構築　今後３年間のステップと目指す姿

し、町民や移住者が暮らし続けられる生活基盤を構築
価値向上と、豪雨・台風等にも耐えられる森林づくりの両立

していくモデル構築（**技術研修実施・地域おこし協力隊採用**）
安定的な生産システム構築
通じた町民の収入モデル（生業）構築）

2024 展開期	2025 発展期	目指す姿
を受講した担い手ープが、町内山林業開始 **の収入モデル構築** 面的交付金・作業助・木材販売等の合わせ）	・地域の放置山林のうち自伐型林業による整備を希望する山林所有者の山林を新たな林業の担い手（町民・地域おこし協力隊ら）が施業	**暮らし続けられるライフスタイル実現** 農業・観光業・福祉サービス等にも携わる兼業・複業スタイルが構築される
研修・実践研修	体験研修・実践研修	**木材関連産業の育成** 木材の安定供給により木材製造業等の関連産業が安定して操業できるようになる
路確保検討	山林コーディネート	
域おこし協力隊		
グループが実施 **ー導入** 交付金による若干	・担い手グループが複数となり施業規模が拡大 ・多面的交付金だけでなく材収入も増加し山主還元が本格開始	**移住定住者増加** 移住者（地域おこし協力隊等）が任期終了後も安心して定住できるようになる
業面積 5ha 作業道 1000m	**施業面積 10ha 作業道 1500m**	
美野町における町民向け林業技術研修の継続 内の自伐型林業グループに対する、講師は検 技術支援・各種助成金獲得支援 町産・加工木材の販路拡大に向けた協働 域おこし協力隊の定着に向けた伴走サポート		**町民が担い手となる町内森林管理の実現** 町有林がモデルとなり地元で継続的に山林管理を行う現代版の「山守（やまもり）」が生まれる

紀美野町の山林活用と持続的な森林資源活用ス

事業目的：紀美野町の約75%の面積を占める森林資源を活
自伐型林業実践を通じた、紀美野町の山林の経済

<事業内容>
・町民や移住者が林業の担い手となり収入を得て、町内山林を
・町民による小規模林業をサポートを通じた、木材や特用林産
(山林所有者意向調査 施業地集約・確保・助成金・販路確保

	2022 検討・導入期	2023 導入期
紀美野町 	• 協力者山林での取り組みを通して**自伐型林業実施の可能性を内部検討** • 森林資源活用のための補助制度・事業立案（森林環境譲与税、森林経営管理制度） • 担い手候補者を掘り起こすフォーラム開催 フォーラム・体験研修	• 担い手育成に向け**林業の技術研修**に着手 • **山林所有者意向調査・施業地の集約・確保** • **地域おこし協力隊**募集 体験研修 作業道整備補助
町有林 山林 	• 山林を持続的に活用していくための、**作業道整備、担い手育成に着手** • 森林経営モデル確立のためのデータ **施業面積 -ha** **作業道 -m**	• 体験研修を通じ組織された 引き続き町内の山林にて施 • **補助・助成金を活用しバッ** • OJTで技術習得を図りなが の収入を得るモデルを確立 **施業面積 5ha** **作業道 1000m**
NPO法人 自伐型林業推進協会 自伐地域推進組織（関西地方）	• 町内山林における多間伐施業の実践を目的とした資金を確保 • 地域推進組織と協働し体験研修・モデル林整備に着手	• 紀美野町における民向け林業技術研修の実施 • 移住者（地域おこし協力隊）の伴走サポート • 施業実施するグループへの実践講習実施